よくわかる

HTML5+
CSS3の
教科書 第3版

大藤 幹［著］

■第2版からの変更点

- 第2版は、2014年3月段階の情報に基づき執筆されました。第3版は、2018年9月段階での情報に基づいて執筆しています。
- 仕様の変化に応じて、解説やコードを追加・変更・削除しています。ただし、本書の解説の範囲から外れている仕様の内容については説明がないものもあります。
- HTMLは2017年12月に勧告されたHTML5.2に変更しています。
- CSSはCSS2.1およびCSS3より、現時点で安定して使用できると判断した内容を使っています。
- 10章にて、スマートフォンへの対応を解説する節を追加しました。
- 11章を、フレキシブルボックスレイアウトとグリッドレイアウトについて解説する章に変更しました。
- 12章にて、ページをスマートフォン、タブレット、PCそれぞれに対応させる内容に変更しました。

■本書のサンプルファイルについて

本書のなかで使用されているサンプルファイルは以下のURLからダウンロードできます。

https://book.mynavi.jp/supportsite/detail/9784839965471.html

- サンプルファイルのダウンロードにはインターネット環境が必要です。

- サンプルファイルはすべてお客様自身の責任においてご利用ください。サンプルファイルおよび動画を使用した結果で発生したいかなる損害や損失、その他いかなる事態についても、弊社および著作権者は一切その責任を負いません。

- サンプルファイルおよび動画ファイルに含まれるデータやプログラム、ファイルはすべて著作物であり、著作権はそれぞれの著作者にあります。本書籍購入者が学習用として個人で閲覧する以外の使用は認められませんので、ご注意ください。営利目的・個人使用にかかわらず、データの複製や再配布を禁じます。

注 意

- 本書での説明は、Mac OS X、Google Chrome（一部その他のブラウザ）で行っています。
  環境により表示が異なる場合がありますのでご注意ください。
- 本書制作時（2018年9月）、CSS3（一部のモジュールを除く）の仕様は勧告に至っていない状態であり、執筆以降に変更される可能性があります。
- 本書に登場するソフトウェアやURLの情報は第3版第1刷時点（2018年9月）でのものです。
  執筆以降に変更される可能性があります。
- 本書の制作にあたっては正確な記述につとめましたが、著者や出版社のいずれも、本書の内容に関して何らかの保証をするものではなく、内容に関するいかなる運用結果についても一切の責任を負いません。あらかじめご了承ください。
- 本書中の会社名や商品名は、該当する各社の商標または登録商標です。
  本書中では™および®マークは省略させていただいております。

まえがき

　本書は、"楽しみながら学べるHTMLとCSSの入門書"として2012年に出版された『よくわかるHTML5+CSS3の教科書』の第3版です。この版では、2018年秋の時点での最新のHTMLとCSSの仕様に合わせて内容を大幅に追加・更新してあります(一部削除した項目もあります)。

　まず、HTMLは最新バージョンの「HTML 5.2」に準拠したものとなりました。2014年に「HTML5」がW3C勧告となって以降、2016年には「HTML 5.1」が公開され、2017年には「HTML 5.1 2nd Edition」と「HTML 5.2」がリリースされています。その間、HTMLの仕様には多岐にわたる変更が施され、細部も含めると非常に多くの箇所が更新されています。本書の内容は、細部にわたって「HTML 5.2」の仕様書原文と照らし合わせながら書き改めてありますので、安心して学習にお使いいただけます。

　CSSに関しては、フレキシブルボックスレイアウトとグリッドレイアウトの両方が学べる章を新しく追加しました。さらに、スマートフォンに対応させるための知識と新しいテクニック(レスポンシブイメージの指定方法など)も盛り込み、最終章の「Chapter 12 ページをまるごと作ってみよう」は、いわゆるモバイルファーストでレスポンシブWebデザインのページを作成する内容となっています。

　フレキシブルボックスレイアウトとグリッドレイアウトの仕様はかなり複雑です。特にグリッドレイアウトは関連するプロパティや値の指定方法の多様さから、すべてを学ぼうとすれば大抵の人は混乱してしまうのではないでしょうか。本書では、初心者がしっかりと理解できるようにするために、使用するプロパティとその機能や書式を厳選し、一般的な制作で必要となる主要な機能にしぼって解説しています。本書のChapter 11 を読めば、フレキシブルボックスレイアウトとグリッドレイアウトの基本となる使い方がすっきりと理解でき、すぐに活用できるようになるでしょう。

　本書には、著者自身がハンズオンセミナーをおこなった際の経験と、その際に受講生の皆さんからいただいたご意見やご提案に基づいて改良を重ねたサンプルファイルが付属しています。本書のサンプルファイルには、紙面に掲載されているソースコードそのままの完成形のサンプルだけでなく、ポイントとなる部分(赤や青の色付きで示している部分)が未入力の状態の実習用ファイルも含まれています。演習やハンズオンセミナーなどでぜひご利用ください。

　最新のHTMLとCSSが楽しく学べる入門書として本書をご活用いただけましたら幸いです。

2018年 10月

大藤 幹

■ ソースコードについて

本書には、ダウンロード可能なサンプルファイルが用意されています。

ダウンロードしたファイルを展開（解凍）すると、2つのフォルダがあります。本書の紙面に掲載されているのと同じ内容のサンプルファイルは「sample」フォルダに入っています。「practice」フォルダには、紙面に掲載されているソースコードの赤や青で示している部分が未入力（一部例外もあります）となっているファイルが同じ番号で格納されていますので、実習などの際にご利用ください。

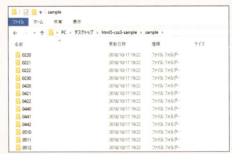

ダウンロードサイト

https://book.mynavi.jp/supportsite/detail/9784839965471.html

対応するサンプルファイルがある場合は、紙面にパスの表記があります。勉強の参考にしてみてください。

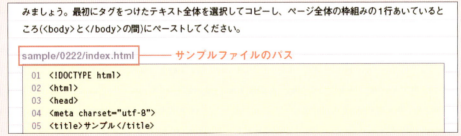

※本書に掲載されているソースコードの左側にある行番号は、ソースコードの一部を抜粋して掲載している場合でも常に1からの連番となっています。サンプルファイルの行番号とも一致していない場合がありますので注意してください。

Contents

Chapter 1　はじめる準備　001

Chapter 1-1　インターネットとサーバーについて ……… 002
インターネットの仕組み ……… 002
「インターネットにWebページを公開する」とは ……… 003
Webページを入れる場所に注意 ……… 004

Chapter 1-2　本書で使用するソフトウェアについて ……… 005
テキストエディタ ……… 005
ブラウザ ……… 007
FTPクライアント ……… 008

Chapter 2　オリエンテーション　009

Chapter 2-1　HTMLの役割、CSSの役割 ……… 010
HTMLってどんなモノ? ……… 010
CSSってどんなモノ? ……… 011

Chapter 2-2　HTMLのタグをつけてみよう ……… 012
テキストを「大見出し」と「段落」に分ける ……… 012
タグを英語にする ……… 013
さらにタグを短くする ……… 013
ページ全体の枠組みを作る ……… 014

Chapter 2-3　CSSを使ってみよう! ……… 016
CSSファイルを読み込ませる ……… 016
読み込ませたCSSの内容を確認する ……… 017
CSSを書き換えてみる ……… 018

Chapter 3　文法的なカタい話　021

Chapter 3-1　HTMLのタグを正しくつける意味 ……… 022
CSSを独立させるメリット ……… 022
HTMLのタグを正しくつけるメリット ……… 023
正しいHTMLは万能データ ……… 024

Chapter 3-2　HTMLの基礎知識 ……… 025
HTMLの専門用語 ……… 025
属性とは? ……… 025
半角スペース・改行・タブの表示 ……… 026
特別な書き方が必要となる文字 ……… 027
コメントの書き方 ……… 029

V

Chapter 3-3	**HTMLのバージョンについて**	030
	HTML4.01とXHTML1.0	030
	HTML5	031
	COLUMN 大文字と小文字の区別	031
Chapter 3-4	**CSSの基礎知識**	032
	CSSの専門用語	032
	書き方のルール	033
	コメントの書き方	034
Chapter 3-5	**CSSのバージョンについて**	035
	現在使用されているのはCSS2.1とCSS3の一部	035

Chapter 4　ページ全体の枠組み　037

Chapter 4-1	**HTMLの全体構造**	038
	<!DOCTYPE html>	038
	html要素	039
	COLUMN HTML4.01とXHTML1.0のDOCTYPE宣言	040
	head要素とbody要素	041
	title要素	042
	meta要素	043
Chapter 4-2	**CSSの組み込み方**	045
	link要素	045
	COLUMN CSSファイルの文字コードの指定方法	047
	style要素	047
	style属性	048
	COLUMN CSSの中にさらに別のCSSを読み込む	049
Chapter 4-3	**グローバル属性**	050
	使用頻度の高いグローバル属性	051
	id属性	051
	class属性	051
	title属性	051
	lang属性	051
Chapter 4-4	**背景を指定する（1）**	052
	background-colorプロパティ	052
	background-imageプロパティ	055
	COLUMN 背景画像のURLについて	056
	background-repeatプロパティ	057

Chapter 5　テキスト　059

Chapter 5-1	**テキスト関連の要素**	060
	要素の分類	060
	従来のブロックレベル要素に該当する要素	062

従来のインライン要素に該当する要素（1） ······ 064
従来のインライン要素に該当する要素（2） ······ 066
リンク ······ 067
COLUMN ページ内の特定の場所にリンクする ······ 069
ルビ ······ 069

Chapter 5-2 **色の指定方法** ······ 073
色の値の指定形式 ······ 073
色に関連するプロパティ ······ 075

Chapter 5-3 **テキスト関連のプロパティ** ······ 077
フォント関連プロパティ ······ 077
COLUMN 値の継承について ······ 080
フォント関連の値をまとめて指定する ······ 083
テキスト関連プロパティ ······ 084
縦書き用プロパティ ······ 091

Chapter 6 CSSの適用先の指定方法 093

Chapter 6-1 **よく使う主要なセレクタ** ······ 094
タイプセレクタ ······ 094
ユニバーサルセレクタ ······ 095
クラスセレクタ ······ 096
IDセレクタ ······ 097
疑似クラス ······ 098
結合子 ······ 100

Chapter 6-2 **その他のセレクタ** ······ 101
属性セレクタ ······ 101
その他の疑似クラス ······ 102
疑似要素 ······ 104
その他の結合子 ······ 104

Chapter 6-3 **セレクタの組み合わせ方** ······ 105
セレクタの基本単位 ······ 105

Chapter 6-4 **指定が競合した場合の優先順位** ······ 106
優先順位の決定方法 ······ 106
COLUMN 「!important」はユーザースタイルシートでも使用できる ··· 107
セレクタからの優先度の計算方法 ······ 107

Chapter 7 ページ内の構造 109

Chapter 7-1 **基本構造を示す要素** ······ 110
セクションについて ······ 110
見出しでセクションの範囲と階層を判断するためのルール ······ 110
セクションをあらわす要素 ······ 111
基本構造を示すその他の要素 ······ 111

VII

main 要素		112
header 要素		112
footer 要素		112
address 要素		113

Chapter 7-2　画像・動画・音声関連要素 114

画像 114

　img 要素 114

　alt 属性について 114

動画と音声 115

　video 要素とaudio 要素 115

　source 要素 117

Chapter 7-3　ボックス関連プロパティ 119

ボックスとは？ 119

　ボックスの構造 119

　ボックスの初期状態 120

マージン 120

　margin プロパティの指定方法 121

　マージンが隣接している場合の注意 121

パディング 123

ボーダー 124

　ボーダーの線種の初期値に注意 126

　ボーダーの表示例 126

幅と高さ 128

　パーセンテージで高さを指定する場合の注意 130

　COLUMN　width と height の発音 131

角を丸くする 132

Chapter 7-4　背景を指定する(2) 134

背景画像の表示位置を指定する 134

　表示位置の基準 135

　背景画像の表示例 135

背景画像をウィンドウに固定する 137

　背景画像の固定の表示例 137

　COLUMN　数値が0のときは単位を省略できる 138

背景画像の表示サイズを変更する 139

複数の背景画像を指定する 142

背景関連プロパティの一括指定 144

　background の値を指定する際の注意事項 145

Chapter 7-5　配置方法を指定するプロパティ 146

フロートの基本 146

　フロートの解除 148

フロートによる2段組みレイアウト 150

　段にする範囲をグループ化する 150

　float プロパティを指定する 152

段にしないところの段組みを解除する ┄┄┄┄┄┄┄ 153
フロートによる3段組みレイアウト(1) ┄┄┄┄┄┄ 154
フロートによる3段組みレイアウト(2) ┄┄┄┄┄┄ 157
　2段組みの中に2段組みをつくる ┄┄┄┄┄┄┄┄ 157
　段の高さを揃える ┄┄┄┄┄┄┄┄┄┄┄┄┄┄ 159
相対配置と絶対配置 ┄┄┄┄┄┄┄┄┄┄┄┄┄┄ 162
　相対配置と絶対配置の表示例 ┄┄┄┄┄┄┄┄┄┄ 163
　COLUMN 絶対配置による段組み ┄┄┄┄┄┄┄┄ 166
インライン要素の縦位置の指定 ┄┄┄┄┄┄┄┄┄ 167
　インライン要素の「ディセンダ」に注意 ┄┄┄┄┄ 168
　vertical-alignプロパティ ┄┄┄┄┄┄┄┄┄┄┄ 168
　COLUMN 文字コードを指定しているのに文字化けする!? ┄┄┄┄┄ 170

Chapter 8　ナビゲーション　　171

Chapter 8-1　**ナビゲーションに関連する要素** ┄┄┄┄┄┄┄┄┄ 172
　ナビゲーションのセクション ┄┄┄┄┄┄┄┄┄┄ 172
　リスト関連の要素 ┄┄┄┄┄┄┄┄┄┄┄┄┄┄┄ 173
　　3種類のリスト要素 ┄┄┄┄┄┄┄┄┄┄┄┄┄ 173
　　ul要素とol要素の子要素 ┄┄┄┄┄┄┄┄┄┄┄ 174
　用語説明型のリスト ┄┄┄┄┄┄┄┄┄┄┄┄┄┄ 175
　　COLUMN dl要素はもともとは「定義リスト」だった!? ┄┄ 176

Chapter 8-2　**リスト関連のプロパティ** ┄┄┄┄┄┄┄┄┄┄┄┄177
　行頭記号を変える ┄┄┄┄┄┄┄┄┄┄┄┄┄┄┄ 177
　行頭記号を画像にする ┄┄┄┄┄┄┄┄┄┄┄┄┄ 180
　行頭記号の表示位置を設定する ┄┄┄┄┄┄┄┄┄ 181
　リスト関連プロパティの一括指定 ┄┄┄┄┄┄┄┄ 182

Chapter 8-3　**表示形式を変えるプロパティ** ┄┄┄┄┄┄┄┄┄┄ 184
　表示形式を変更する ┄┄┄┄┄┄┄┄┄┄┄┄┄┄ 184
　　displayプロパティの使用例 ┄┄┄┄┄┄┄┄┄ 184
　見えない状態にする ┄┄┄┄┄┄┄┄┄┄┄┄┄┄ 186
　　visibilityプロパティの使用例 ┄┄┄┄┄┄┄┄ 187
　はみ出る部分の表示方法を設定 ┄┄┄┄┄┄┄┄┄ 188

Chapter 8-4　**ナビゲーションの作り方** ┄┄┄┄┄┄┄┄┄┄┄ 190
　ナビゲーションのマークアップ ┄┄┄┄┄┄┄┄┄ 190
　リストの項目を横に並べる ┄┄┄┄┄┄┄┄┄┄┄ 191
　リンクの範囲を確認する ┄┄┄┄┄┄┄┄┄┄┄┄ 191
　リンクの範囲を拡張する ┄┄┄┄┄┄┄┄┄┄┄┄ 192
　表示を調整する ┄┄┄┄┄┄┄┄┄┄┄┄┄┄┄┄ 192
　カーソルが上にあるときの処理 ┄┄┄┄┄┄┄┄┄ 193

IX

Chapter 9　フォームとテーブル　195

Chapter 9-1　フォーム関連の要素 195-196
フォーム全体を囲む要素 196
入力欄やボタンを生成する要素 197
input要素の使用例 198
COLUMN 仕様上はもっと多くの部品が用意されている!? 200
複数行のテキスト用の入力欄 201
要素内容をラベルとして表示するボタン 202
メニューを構成する要素 204
フォーム部品とテキストを関連づける要素 205
label要素の使い方 205
フォーム部品などをグループ化する要素 206

Chapter 9-2　フォーム関連のプロパティ 208
リサイズ可能にする 208
ボックスに影をつける 210
アウトライン 212

Chapter 9-3　テーブル関連の要素 215
テーブルを構成する要素 215
table要素 216
th要素とtd要素 216
セルを連結させる 218
テーブルにキャプションをつける 218
表の横列をグループ化する 219

Chapter 9-4　テーブル関連のプロパティ 220
隣接するボーダーを1本の線にする 220
キャプションをテーブルの下に表示させる 222

Chapter 10　その他の機能とテクニック　223

Chapter 10-1　その他の要素 224
主題の変わり目 224
追加と削除 225
スクリプト 226
スクリプトが動作しない環境向けには 227
インラインフレーム 227

Chapter 10-2　その他のプロパティ 229
width・heightプロパティの適用範囲の変更 229
コンテンツの追加 231
引用符の設定 233

Chapter 10-3　clearfixについて 234
フロートで不都合なこと 234
フロートを指定した要素は親要素からはみ出す 236

X

clear プロパティを使用した場合の不都合 ……………………… 237

フロートの不都合を解消する(1) ……………… 238

フロートの不都合を解消する(2) ……………… 239

clearfix の原型 …………………………………………… 239

現在の clearfix のコード ………………………… 240

Chapter 10-4　メディアクエリー …………………………………………… 241

メディアクエリーとは？ ………………………………………… 241

CSS3 での拡張点 …………………………………………… 241

メディアクエリーの書き方 …………………………………… 242

出力媒体の指定 ……………………………………………… 242

@media について ………………………………………………… 244

Chapter 10-5　スマートフォンの画面に対応させる …………………… 245

Web ページが小さく表示される理由とその対処法 ………… 245

同じサンプルをスマートフォンで表示させるとどうなるか …………… 247

スマートフォンでは幅980ピクセル分が縮小表示される …………… 247

縮小しないで実サイズで表示させる方法 ……………………… 248

出力先に合わせて異なるサイズの画像を表示させる方法 ……… 249

スマートフォンでの画像表示の確認 …………………………… 250

ピクセル密度に合った画像だけを読み込ませる方法 ………… 251

ピクセル密度ではなく画像サイズを指定する方法 …………… 253

COLUMN sizes 属性の指定方法 ……………………………… 255

条件に合致したときに使う画像について詳細に指定する方法 …… 256

Chapter 11　フレキシブルボックスとグリッド　　　　259

Chapter 11-1　フレキシブルボックスレイアウトの基本 ……………… 260

ブロックレベル要素を横に並べる簡単な方法 ………………… 260

子要素を横に並べる ……………………………………………… 260

子要素の順番を変える …………………………………………… 264

横に並べた要素を複数行にする ……………………………… 265

フレキシブルボックスレイアウトは複数行にできる …………… 265

Chapter 11-2　フレキシブルボックスレイアウト関連のその他のプロパティ … 270

横並びと縦並びを切り替えるプロパティ ……………………… 270

flex-direction プロパティ ……………………………………… 270

COLUMN row は横並びで column は縦並びとは限らない!? …………… 272

並べた子要素の幅をフレキシブルに変化させる ……………… 272

flex プロパティ ………………………………………………… 273

COLUMN flex プロパティの正体 ………………………………… 279

フレキシブルボックスレイアウトの総合的な使用例 ………… 279

Chapter 11-3　グリッドレイアウトの基本 …………………………… 282

ボックスを格子状に区切って子要素を配置する ……………… 282

グリッドレイアウトによる3段組み …………………………… 283

グリッドをわかりやすく定義する別の方法 …………………… 286

XI

grid-template-areas プロパティと grid-area プロパティ ·················· 286

実際の Web ページに近いレイアウトの例 ································ 288

COLUMN かなり奥が深いグリッドレイアウト ·························· 290

Chapter 12　ページをまるごと作ってみよう　291

Chapter 12-1　**サンプルページの概要を把握する** ························ 292

　　1. 完成イメージを確認しよう ··································· 292

　　2. サンプルのファイル構成を確認しよう ······················ 293

　　3. サンプルページ作成の流れを確認しよう ····················· 293

Chapter 12-2　**HTMLの構造の確認** ·························· 294

　　1. サンプルページの概略構造を把握しよう ····················· 294

　　2. サンプルページのhead要素の内容を確認しよう ··············· 295

　　3. サンプルページのbody要素の内容を確認しよう ··············· 296

　　4. CSS適用前の表示の確認 ··································· 299

Chapter 12-3　**スマートフォン向けの表示指定** ························ 300

　　1. CSSファイル内のコメントを確認しよう ····················· 300

　　2. スマートフォン向けCSSの表示確認について ·················· 301

　　3. スマートフォン向けの「ページ全体」の表示を指定しよう ·········· 302

　　4. スマートフォン向けの「ヘッダー」の表示を指定しよう ··········· 304

　　5. スマートフォン向けの「メインコンテンツ」の表示を指定しよう ····· 306

　　6. スマートフォン向けの「フッター」の表示を指定しよう ··········· 307

Chapter 12-4　**タブレット向けの表示指定** ······················ 310

　　1. タブレット向けの「ページ全体」の表示を指定しよう ···················· 310

　　2. タブレット向けの「ヘッダー」の表示を指定しよう ················· 311

　　3. タブレット向けの「メインコンテンツ」の表示を指定しよう ········· 313

　　4. タブレット向けの「フッター」の表示を指定しよう ················· 314

　　COLUMN 文字色と背景色のコントラスト比について ··············· 315

Chapter 12-6　**パソコン向けの表示指定** ························ 316

　　1. パソコン向けの「ページ全体」の表示を指定しよう ··············· 316

　　2. パソコン向けの「ヘッダー」の表示を指定しよう ················· 318

　　3. パソコン向けの「メインコンテンツ」の表示を指定しよう ··········· 321

　　4. パソコン向けの「フッター」の表示を指定しよう ················· 323

Appendix　巻末資料　325

Appendix 1　**HTML5の要素の分類** ························ 326

Appendix 2　**HTML5の要素の配置のルール** ·················· 330

Index ································· 336

XII

Chapter 1

はじめる準備

Chapter 1 では、インターネットの概要とサーバーの役割、Web ペー
ジを制作して公開する際に必要となるソフトウェアなどの基礎事項につ
いて説明します。さっと流し読みしてみて、知っている内容だと思った
方は読み飛ばしても OK です。

Chapter 1-1

インターネットとサーバーについて

本書を読むとWebページが作れるようにはなりますが、自分のパソコン上でWebページを完成させたらそれが自動的にインターネットで公開されて誰でも見られるようになる、というわけではありません（もしそうだとしたら、自分のパソコンの中のファイルがインターネット上で公開されていることになります）。ここではまず、インターネットのおおまかな仕組みと、サーバーの役割について確認しておきましょう。

インターネットの仕組み

インターネットとは、簡単に言えば「世界中にある個別のネットワークを一定の決まり（TCP/IP）に従って結びつけている世界規模のネットワーク」のことです。家庭や企業のパソコンをインターネットに接続するには、すでにインターネットに接続されているプロバイダ（接続業者）と契約し、そこを通じて接続することになります（接続方法には光回線やADSLのほか、電話線を使用しない高速モバイル通信などがあります）。

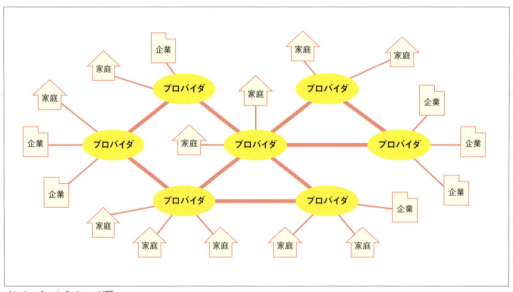

インターネットのイメージ図

「インターネットにWebページを公開する」とは

私たちが普段インターネット上のWebページを見ているとき、そのネットワーク上では「このアドレスのページを見せてください」「はいどうぞこれがそのデータです」といったやりとりが何度もおこなわれています。そのようなユーザー（ブラウザ）とのやりとりをおこない、ユーザーからの要求に応えてデータを渡すソフトウェアのことをサーバー・ソフトウェアと呼んでいます（そしてサーバー・ソフトウェアが動作しているコンピュータのことをサーバーと言います）。つまり、インターネット上でWebページを公開するには、サーバー・ソフトウェアが動作しているコンピュータにデータを入れるか、Webページのデータが入っているパソコンでサーバー・ソフトウェアを動かす必要があるということです。

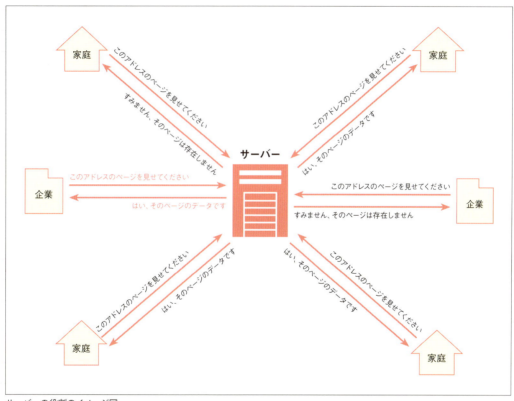

サーバーの役割のイメージ図

Webページを入れる場所に注意

ただし、サーバー・ソフトウェアが動いていればどのファイルでも公開されてしまうのかといえば、そうではありません。公開するのはサーバー・ソフトウェアで設定している特定のフォルダ内に限定されます。それはもちろん、セキュリティ上の問題があるからです。したがって、インターネット上で公開するためのWebページが完成したら、サーバーが動いているコンピュータ上の特定のフォルダの中に入れることによって、そのデータは初めてインターネット上で公開されることになります。多くの場合、プロバイダと契約すると、プロバイダのサーバーにそのような公開用のフォルダが用意されていて、契約時にどこにデータを入れればよいのか案内があったはずです。また、一般にプロバイダが用意しているサーバーの容量は少なめでさまざまな制限もあるため、接続用のプロバイダのほかに自由度の高いレンタルサーバー(これは接続業者ではなくWebページを置くスペースを提供するサービス)を借りる場合もあるかと思います。その場合は、レンタルサーバー内の指定されたフォルダにデータを入れることになります。

このようにすることで、制作したWebページは初めてインターネット上で公開され、誰でも自由に閲覧できるようになり、Googleなどの検索エンジンにも登録されて検索結果として表示されるようになります。制作したWebページをサーバー内の特定のフォルダに入れるためのソフトウェアについては、次の「Chapter 1-2 本書で使用するソフトウェアについて」で説明します。

Chapter 1-2

chapter
1-2

本書で使用するソフトウェアについて

Webページを制作するには専用のソフトウェアが必要だと思っている人もいるかもしれません が、決してそんなことはありません。なぜなら、HTMLもCSSもJavaScriptも、実際に はただのテキストファイル（文字データだけを含むごく一般的なファイル形式）だからです。つ まり、Windowsに付属の「メモ帳」や、Macに付属の「テキストエディット」などがあれ ばWebページを制作することは可能なのです。

ただし、「メモ帳」や「テキストエディット」でもたしかに制作は可能ですが、もっと使い心 地がよくて効率的に制作できるソフトウェアも無料で公開されています。また、制作した Webページがさまざまな環境でうまく表示されるかどうかを確認するためには、チェック用 のブラウザも用意しておく必要があります。さらに、最終的にできあがったWebページを公 開するには、それらをサーバーの特定のフォルダに転送しなければなりません。ここではまず、 そのような場面で必要となるソフトウェアを、無料で入手できるものを中心に紹介しておき ます。

テキストエディタ

テキストエディタ(text editor)とは、文字を入力・編集しテキストファイルとして保存するためのソフトウェ アのことです。身近な例としては、Windowsに付属している「メモ帳」やMacに付属している「テキストエ ディット」が挙げられます。

本書で学ぶHTML5もCSS3も、ファイルの形式としてはテキストファイルであるため、Windowsなら「メ モ帳」、Macなら「テキストエディット」で問題なく作成できます。特にHTML5やCSS3を学ぶためにちょ っとしたサンプルを作ったりするだけなら、それらで十分であるとも言えます。

ただし、「メモ帳」を使う場合はHTMLやCSSのファイルを保存するときに［文字コード］の項目で「UTF-8」 を選択することを忘れないでください。「UTF-8」以外の文字コードで保存してしまうと文字化けが発生しま す※。また、初期状態ではテキストがウィンドウの右端で折り返されない設定になっていますので、［書式］ メニューから［右端で折り返す］を選択すると内容が見やすくなります。

Macの「テキストエディット」を使う場合は、「環境設定」の画面を開いて次ページの図で示したように設定 してください。

※ 本書にサンプルとして付属しているHTMLファイルおよびCSSファイルの文字コードはすべて「UTF-8」です（HTML5では 「UTF-8」を使用することが推奨されています）。テキストエディタの中には、そのまま単純に保存すると、文字コードを「Shift_ JIS」に変更してしまうものがありますので注意してください。

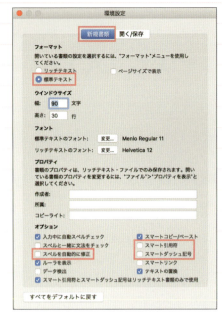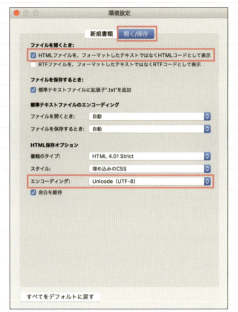

テキストエディットの「環境設定」画面。フォーマットを「標準テキスト」にして、オプションの自動修正をおこなう項目のチェックがはずれていることを確認。「開く/保存」のページに移動して、「HTMLファイルを、フォーマットしたテキストではなくHTMLコードとして表示」にチェックを入れ、エンコーディングが「Unicode (UTF-8)」になっていればOK

しかし、HTML5とCSS3を少しでも早く効率的に学習したいと考えているのであれば、早い段階のうちに自分に合ったテキストエディタを用意しておいた方が良いでしょう。一般的なテキストエディタには、それが無料のものであっても、ソースコード※をより読みやすくして入力も容易にする多くの機能が搭載されているからです。たとえば、行数を表示することはもちろん、タグやキーワードなどを色分けして表示する機能や入力を補う機能などのほか、それぞれのテキストエディタには固有の便利な機能が組み込まれています。

テキストエディタを使うのが初めてという方は、はじめは以下のような無料のものを試してみて、必要に応じて有料のものを使用すると良いでしょう。

Windows・Mac共通

- Atom

  https://atom.io/

- Visual Studio Code

  https://code.visualstudio.com/

※ HTML（マークアップ言語）やCSS（スタイルシート言語）、プログラミング言語などの言語による命令・指示などを記述したテキストをソースコード（source code）と言います。省略して「ソース」と呼ばれることもあります。

Windows

・サクラエディタ

http://sakura-editor.sourceforge.net/

・TeraPad

https://tera-net.com/library/tpad.html

Mac

・mi

http://www.mimikaki.net/

・CotEditor

Mac App Store にて入手可能

ブラウザ

読者のみなさんの多くは、いつも特定の1種類のブラウザ（Webブラウザ）を使って、さまざまなWebページを閲覧していることと思います。自分がユーザーとして閲覧しているときにはそれでまったくかまわないのですが、作る側になるのであれば表示確認用にいくつかのブラウザ（もしくはテスト環境など）を用意する必要があります。パソコン上で動作するブラウザだけでもGoogle ChromeやSafari、Firefox、Microsoft Edge、Internet Explorerといった種類があり、その種類とバージョンによって表示結果に違いが生じる場合があるからです（さらに現在ではスマートフォンやタブレット端末を利用しているユーザーのことも考慮する必要があります）。

とはいえ、本書の主眼は「Webページの標準的な制作方法の基本となっている技術」を覚えることであり、「（近い将来不要となることが目に見えている）古いブラウザ対策の裏技」のような一時しのぎのテクニックを覚えることではありません。

Google Chromeのダウンロードページ。本書では、Google Chromeを基本ブラウザとして学習を進めていく

そこで、本書ではいくつものブラウザを用意してそれぞれで表示確認しながら進めるのではなく、パソコン用のブラウザとして世界的なシェアがもっとも高く、標準的な規格への準拠度も申し分ないGoogle Chromeを基本ブラウザとして使用し、そのブラウザだけで表示確認をおこないながら学習を進めていくことにします（サンプルのスクリーンショットも一部の例外を除きGoogle Chromeのものを掲載しています）。

Google Chromeは「Google Chrome」で検索すると、最新バージョンのダウンロードページがすぐに見つかります。あらかじめダウンロードしてインストールしておいてください。

FTPクライアント

サーバーにはいろいろな種類があります。ブラウザとやりとりをおこなってWebページが見られるようにしているサーバーはWebサーバーと呼ばれています。それに対して、ファイルを転送する際のやりとりをおこなうために用意されているのがFTPサーバーです（FTPは File Transfer Protocol の略です）。Webサーバーとやりとりをおこなうためにブラウザを使用するように、FTPサーバーとやりとりをおこなうためにはFTPクライアントというソフトウェアを使用します。

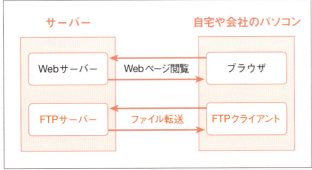

ファイル転送のやりとりをおこなうのがFTPサーバーとFTPクライアント

FTPクライアントは、できあがったWebページを公開するために、WebページのデータをWebサーバーの特定のフォルダの中に入れるときに使用します。FTPクライアントとしては、Windows版とMac版があり、しかも暗号化にも対応している以下のソフトウェアをおすすめします（無料で使用できます）。

・**FileZilla**

　http://sourceforge.jp/projects/filezilla/

Chapter 2

オリエンテーション

Chapter 2 では、まずは難しい話は抜きにして、HTML と CSS とはいったいどんなものなのかということをざっくりと説明し、続けてHTML と CSS を実際に体験してみます。そこでだいたいの感じをつかんで、HTML も CSS も意外と簡単なんだな、ということを実感してみてください。

Chapter **2-1**

HTMLの役割、CSSの役割

まずはWebページを構成するHTMLとCSSについて、簡単にその概要と役割を押さえておきましょう。

HTMLってどんなモノ？

HTMLとは、ごく簡単に言えば、テキストにタグと呼ばれる印をつけて[※1]、それぞれの部分が何であるのかを示したテキストファイルのことです。それぞれの印は〈ここから見出し〉〈ここまで見出し〉というようなパターンであらかじめ決められていて、HTML5では約100種類あります。HTMLを学ぶということは、その約100種類の印の意味を知り、印のつけ方のルールを覚えることだと言えます。

テキスト

会社案内

当社は、〇〇〇〇年〇〇月に日本で設立されました。
・・・

HTML

〈ここから見出し〉
会社案内
〈ここまで見出し〉

〈ここから本文〉
当社は、〇〇〇〇年〇〇月に日本で設立されました。
・・・
〈ここまで本文〉

HTMLのイメージ。テキストにこのような書式の印をつけて、テキストの各部分が何であるのかを示す

しかし、印の種類が約100種類もあるからといって気を重くする必要はありません。一般的なWebページでふだん使用されているのは、その中のごく一部だからです。すべてを暗記する必要はまったくありませんし、ふだん使うものに関しては使っているうちにすぐに覚えられますので安心してください。このあとに実際にその印をつけてみますが、あっけないほど簡単です。

※1 このように印を付けることを英語でマークアップ（markup）と言います。HTMLはいわゆるマーアクアップ言語と呼ばれる言語の一種で、「HTML」という名称は「HyperText Markup Language」の略です。

010 **Chapter 2** オリエンテーション

CSSってどんなモノ？

それに対して、HTMLの印によって示された各範囲の表示方法を指定するのがCSS[※2]です。たとえば、HTMLで見出しの印をつけた範囲の「文字色」「背景色」「文字サイズ」などを指定できます。その「文字色」や「背景色」のように表示方法として指定できる種類は、HTML5の印の種類よりもかなり多く、ぜんぶだと軽く300以上はあるでしょう（まだすべての仕様が確定しているわけではありませんので最終的にどのくらいの数になるかは現時点では不明です）。ただし、CSSに関してはまだブラウザがサポートしていない機能も多くあり、現実的に使用できるのはだいたい150種類くらいであるとも言えます。

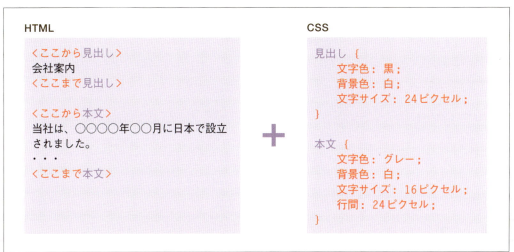

CSSのイメージ。HTMLで示された各部分の表示方法を指定する

HTMLは基本的には印をつけるだけですが、CSSは「どの印をつけた範囲」の「何」を「どう表示させる」といった指定をする必要がありますのでHTMLよりは少々複雑です。しかし、結局は「どう指定すればどう表示させられるのか」ということを覚えるだけですので、プログラミング言語のように難しいわけではありません。CSSもこのあとに実際に使ってみますが、指定方法のパターンさえ覚えれば意外に簡単であることが分かるはずです。

※2 CSSは「Cascading Style Sheets」の略で、日本語でわかりやすく言えば「重ねて指定できるスタイルシート」というような意味です。

Chapter 2-2

HTMLのタグをつけてみよう!

それでは早速、タグをつける作業を体験してみましょう。

テキストを「大見出し」と「段落」に分ける

それでは、実際にテキストに印をつけてHTMLにしてみましょう。HTMLでは印のことをタグと言いますので、以降本書ではタグという用語を使用します。タグをつけるのは、以下のテキストです。

sample/0220/sample.txt

> かちかち山
>
> 昔々、ある会社に山田という名前の若い社長さんがおりました。社長仲間のあいだでは「やま」と呼ばれていました。山田社長には、ことあるごとに「Win-Winの考え方が大切なんです」と語りだすクセがありました。

このテキストにタグをつける

さて、このテキストを読んでみると、どうやらタイトルと本文で構成されているらしいことが分かります。1つのページ内の構成要素として考えると、大見出しと最初の段落であるとも言えそうです。ここではそれを後者であると想定して、まずは日本語で ＜ここから大見出し＞ ＜ここまで大見出し＞ ＜ここから段落＞ ＜ここまで段落＞ というタグをつけてみることにしましょう。

> ＜ここから大見出し＞
> かちかち山
> ＜ここまで大見出し＞
>
> ＜ここから段落＞
> 昔々、ある会社に山田という名前の若い社長さんがおりました。社長仲間のあいだでは「やま」と呼ばれていました。山田社長には、ことあるごとに「Win-Winの考え方が大切なんです」と語りだすクセがありました。
> ＜ここまで段落＞

タグをつけてみた状態。タグの＜＞は全角ではなく半角で入力する点に注意!

タグがついて、ページ内の2つの構成要素が何であるのかが明確に示されました。しかし、タグがつけられたテキストを見てみると、タグに含まれている「ここから」と「ここまで」は無い方がすっきりして見やすい

012　**Chapter 2**　オリエンテーション

ような気もします。そこで、「ここから」はそのままカットしてしまい、「ここまで」は代わりに「/」であらわすことにして、次のように変更します。

```
＜大見出し＞
かちかち山
＜/大見出し＞

＜段落＞
昔々、ある会社に山田という名前の若い社長さんがおりました。社長仲間のあいだでは「やま」と呼
ばれていました。山田社長には、ことあるごとに「Win-Winの考え方が大切なんです」と語りだすク
セがありました。
＜/段落＞
```

「ここから」をカットし、「ここまで」を半角の「/」に変更する

タグを英語にする

これですっきりとして見やすくなりました。しかし、HTMLのタグは日本語ではなく英語で作られているはずです。そこで、タグ内の日本語部分を英語にしてみましょう。

まず、「見出し」は「heading」にします。大見出しの「大」はそのまま「大」「中」「小」のようにあらわしてもいいのですが、そうすると見出しの種類が「大見出し」「中見出し」「小見出し」の3段階に限定されてしまいます。ここではもっと多くの階層の見出しが表現できるように、大きい方の見出しから順に数字であらわすようにしてみましょう。ここでは、「大見出し」は「heading1」ということにします。

次は「段落」です。「段落」は英語では「paragraph」です。というわけで、タグの日本語部分を英語に変更すると次のようになります。

```
<heading1>
かちかち山
</heading1>

<paragraph>
昔々、ある会社に山田という名前の若い社長さんがおりました。社長仲間のあいだでは「やま」と呼
ばれていました。山田社長には、ことあるごとに「Win-Winの考え方が大切なんです」と語りだすク
セがありました。
</paragraph>
```

タグ内の日本語を英語に変更

さらにタグを短くする

やっと英語にはなったのですが、一度はすっきりとして見えていたタグが、英語に変更したとたんに何だか少し見にくくなってしまいました。本来、タグは印なのですから、ごちゃごちゃした長い単語ではなく、短くて記号のようにすっと目に入ってくる方がよさそうです。

そんなわけで、ここは思いきって単語の先頭の文字だけを使うように変更してみましょう。

```
<h1>
かちかち山
</h1>

<p>
昔々、ある会社に山田という名前の若い社長さんがおりました。社長仲間のあいだでは「やま」と呼
ばれていました。山田社長には、ことあるごとに「Win-Winの考え方が大切なんです」と語りだすク
セがありました。
</p>
```

英単語は短くして、単語の1文字目だけを使うことにする

とてもすっきりとして、見やすく、印らしくなりました。そして、最初は日本語で仮につけてみたタグが、こ
の段階で見事にHTMLのタグに変身しています[1]。ここでは、HTMLのタグの本来の意味を分かりやすく示
すために少々まわりくどいタグのつけ方をしてみましたが、実際にWebページを制作する場合は、テキスト
に単純に<h1></h1>や<p></p>を挿入するだけでOKです。

ページ全体の枠組みを作る

ところで、HTMLのタグのつけ方としてはこれでOKなのですが、これだけでHTMLが完成したわけではあり
ません。文法的に正しいHTMLファイルにするためには、これらの他にページ全体の枠組みとなるタグが必
要なのです。具体的には、次のようなものです。意味不明で少し複雑なものに見えるかもしれませんが、今
の段階ではこれらは"決まり文句"のようなものだと考えておいてください。

sample/0221/index.html[2]

```
01  <!DOCTYPE html>
02  <html>
03  <head>
04  <meta charset="utf-8">
05  <title>サンプル</title>
06  </head>
07  <body>
08
09  </body>
10  </html>
```

全体の枠組みとなるタグ

※1　これらは、実際にもっとも頻繁に使用されるHTMLのタグなのですが、すべてのタグがこれらのように先頭の1文字だけを使う省
　　略形になっているわけではありません。HTMLのタグの中には、別の省略方法がとられているものや、まったく省略されていない
　　ものもあります。

※2　一般的なテキストファイルの拡張子は「.txt」ですが、HTMLファイルの場合は「.html」または「.htm」となります(サー
　　バーの設定で変更することも可能です)。

では、この枠組みの中に先程タグをつけたテキストを組み込んで、HTMLファイルとして完成したものにしてみましょう。最初にタグをつけたテキスト全体を選択してコピーし、ページ全体の枠組みの1行あいているところ（\<body\>と\</body\>の間）にペーストしてください。

sample/0222/index.html

```
01  <!DOCTYPE html>
02  <html>
03  <head>
04  <meta charset="utf-8">
05  <title>サンプル</title>
06  </head>
07  <body>
08  <h1>
09  かちかち山
10  </h1>
11  <p>
12  昔々、ある会社に山田という名前の若い社長さんがおりました。社長仲間のあいだでは「やま」と呼ばれて
    いました。山田社長には、ことあるごとに「Win-Winの考え方が大切なんです」と語りだすクセがありまし
    た。
13  </p>
14  </body>
15  </html>
```

タグをつけたテキストを、ページ全体の枠組みの中に組み込む

これで文法的にもまったく問題のない完璧なHTMLファイルが完成しました。HTMLファイルを作るということは、このようにテキストの各部分に\<h1\>\</h1\>や\<p\>\</p\>のようなタグをつけていく作業が中心となります。

つまり、HTMLであらかじめ決められているタグをざっと覚えておき、テキストを見てそこにふさわしいタグをつけられるようになればOKなのです。誰にでもできる簡単な作業ですので、安心してどんどん進めていきましょう。

015

Chapter 2-3

CSSを使ってみよう！

次はCSSを使ってみましょう。HTMLでタグづけをした部分に、表示の指定をしてみます。

CSSファイルを読み込ませる

さて、文法的に正しいHTMLファイルは完成しましたが、表示方法はまだ一切指定していません。この段階でHTMLを表示させるとどのようになるのかを確認してみましょう。

Chapter 2-2で完成させたファイル(sample/0222/index.html)をブラウザで開いてください。ほぼ右のように表示されるはずです(ブラウザの設定によって表示結果は異なります)。

かちかち山

昔々、ある会社に山田という名前の若い社長さんがおりました。社長仲間のあいだでは「やま」と呼ばれていました。山田社長には、ことあるごとに「Win-Winの考え方が大切なんです」と語りだすクセがありました。

表示指定をしていない状態でのHTMLの表示

では、さっそくこれにCSSを適用してみましょう。「sample/0230」フォルダの中には、すでにCSSを書き込んだファイル「style.css」を用意してありますので、HTMLの中に「style.css」を読み込む指定を追加します。CSSファイルを読み込ませるには、以下のような指定を追加してください。

sample/0230/index.html

```
01  <!DOCTYPE html>
02  <html>
03  <head>
04  <meta charset="utf-8">
05  <title>サンプル</title>
06  <link rel="stylesheet" href="style.css">      ← この行を追加
07  </head>
08  <body>
09  <h1>
10  かちかち山
11  </h1>
12  <p>
13  昔々、ある会社に山田という名前の若い社長さんがおりました。社長仲間のあいだでは「やま」と呼ばれて
    いました。山田社長には、ことあるごとに「Win-Winの考え方が大切なんです」と語りだすクセがありまし
    た。
14  </p>
```

016　Chapter 2　オリエンテーション

```
15  </body>
16  </html>
```

CSSファイル「style.css」を読み込む指定を追加

「sample/0230」フォルダ内の「index.html」は、CSSを読み込む指定をすでに追加してありますので、それをブラウザで表示させてみましょう。

右のように表示されるはずです（表示結果はOSの種類やそのバージョンによって多少の違いがあります）。

かちかち山

昔々、ある会社に山田という名前の若い社長さんがおりました。社長仲間のあいだでは「やま」と呼ばれていました。山田社長には、ことあるごとに「Win-Winの考え方が大切なんです」と語りだすクセがありました。

CSSファイルを読み込ませたあとの表示結果

読み込ませたCSSの内容を確認する

表示結果ががらりと変化しました。続けて、具体的にどのようなCSSを指定すればこのような表示になるのかを確認してみましょう。テキストエディタで、「sample/0230」フォルダ内の「style.css」を開いてください。

では、ざっくりとですが、この指定内容を説明します。赤で示した部分は、それぞれ何に対する表示指定であるのかを示しています。
先頭にあるbodyというのは、HTMLの枠組みの中にあった<body>と</body>の範囲のことで、ひとことで言えばページ全体を意味します。h1はもちろん<h1>と</h1>で囲った大見出しのことで、pは<p>と</p>で囲った段落のことです。

sample/0230/style.css ※

```
01  body {
02      margin: 60px;
03      font-family: serif;
04      background: green;
05  }
06
07  h1 {
08      color: white;
09      font-size: 24px;
10      text-shadow: 1px 1px 2px black;
11  }
12
13  p {
14      color: white;
15      font-size: 18px;
16      text-shadow: 1px 1px 2px black;
17      line-height: 1.8;
18  }
```

「style.css」に書かれている全内容

つまり、body { }の中に書かれているのはページ全体に対する表示指定、h1 { }の中に書かれているのは大見出しの表示指定、p { }中に書かれているのは段落の表示指定、ということです。シンプルで分かりやすい書式です。

※ CSSファイルの拡張子は「.css」です（サーバーの設定で変更可能です）。

表示指定もシンプルで、たとえば「color: white;」は文字色を白にする指定です。つまり、「○○○ : □□□;」の書式で「何を : どうする;」といったパターンで指定すればよいのです。文字色を赤にしたければ「color: red;」でOKです。

表示指定の「何を」の部分を見るとおおよその予測ができるかと思いますが、bodyに対する指定のmarginはマージン（余白）、font-familyはフォントの種類、backgroundは背景の指定となります。h1とpに指定されているfont-sizeはフォントサイズ、text-shadowは文字につける影、line-heightは行間（正確には行の高さ）です。

CSSを書き換えてみる

CSSがどのようなものであるのか、おおまかなイメージがつかめたと思いますので、「style.css」に書かれている内容を少し書き換えてみて、表示がどのように変化するのかを見てみましょう。

まずはページ全体の背景色を変えてみましょう。現在は「green」になっていますが、これを「orange」に書き換えて上書き保存します。

```
01  body {
02      margin: 60px;
03      font-family: serif;
04      background: orange;
05  }
            ↑
06          greenをorangeに変更
07  h1 {
08      color: white;
09      font-size: 24px;
10      text-shadow: 1px 1px 2px black;
11  }
12
13  p {
14      color: white;
15      font-size: 18px;
16      text-shadow: 1px 1px 2px black;
17      line-height: 1.8;
18  }
```

ページ全体の背景色を変更する

「index.html」をブラウザで再表示させると、ページ全体の背景色がオレンジ色に変わっています。

かちかち山

昔々、ある会社に山田という名前の若い社長さんがおりました。社長仲間のあいだでは「やま」と呼ばれていました。山田社長には、ことあるごとに「Win-Winの考え方が大切なんです」と語りだすクセがありました。

ページ全体の背景色がオレンジ色になった

次は大見出しのフォントサイズを変更します。現時点では「24px」、つまり24ピクセルになっていますので、これを「50px」に変更します。ピクセル単位であることを示す「px」の部分はそのままにして、数字だけを24から50に変更すればOKです。このとき、数字とpxのあいだにスペースを入れないようにしてください。書き換えが終了したら、上書き保存します。

```
01  body {
02      margin: 60px;
03      font-family: serif;
04      background: orange;
05  }
06
07  h1 {
08      color: white;
09      font-size: 50px;  ←── 24px を 50px に変更
10      text-shadow: 1px 1px 2px black;
11  }
12
13  p {
14      color: white;
15      font-size: 18px;
16      text-shadow: 1px 1px 2px black;
17      line-height: 1.8;
18  }
```

ページ全体の背景色を変更する

「index.html」をブラウザで再表示させると、大見出しのフォントサイズが50ピクセルに変わっています。

かちかち山

昔々、ある会社に山田という名前の若い社長さん

大見出しの文字サイズが大きくなった

次に、大見出しと段落内のテキストにつけられているテキストの影を消してみましょう。そうするには、右のように text-shadow ではじまる行を削除するだけでOKです。削除したら、上書き保存してください。

```
01  body {
02      margin: 60px;
03      font-family: serif;
04      background: orange;
05  }
06
07  h1 {                         この行を削除する
08      color: white;
09      font-size: 50px;            ↓
10      text-shadow: 1px 1px 2px black;
11  }
12
13  p {                          この行を削除する
14      color: white;
15      font-size: 18px;            ↓
16      text-shadow: 1px 1px 2px black;
17      line-height: 1.8;
18  }
```

h1とpの文字に影をつける指定を行ごと削除する

019

「index.html」をブラウザで再表示させると、大見出しと段落内のテキストにつけられていた影が消えています。

テキストの影が消えた

最後に、段落内のテキストの行間を変更してみましょう。ここではわかりやすく「行間」と表現しましたがCSSで設定できるのは、実際には「行と行のあいだの距離」ではなく「行自体の高さ」です。現在の「1.8」という数値は、行自体の高さを「フォントサイズの1.8倍」にする指定です。ここではそれを1.0倍（つまり行の高さとフォントサイズが同じ状態）に変更してみましょう。「1.8」を「1.0」に書き換えて上書き保存してください。

```
01  body {
02      margin: 60px;
03      font-family: serif;
04      background: orange;
05  }
06
07  h1 {
08      color: white;
09      font-size: 50px;
10  }
11
12  p {
13      color: white;
14      font-size: 18px;
15      line-height: 1.0;       ← 1.8を1.0に変更
16  }
```

pの行間を変更する

「index.html」をブラウザで再表示させると、段落内の行間が狭くなっています。

たいへん簡単なサンプルではありましたが、実際にテキストにタグをつけてHTMLにし、それにCSSを適用して表示方法も少し変更してみました。これでHTMLとCSSのイメージは掴むことができたのではないかと思います。あとは細かいことを少しずつ覚えていけばいいだけです。楽しみながらどんどん進めていきましょう！

段落の行間が狭くなった

といいつつ、次の Chapter 3のタイトルを見ると「文法的なカタい話」となっています（書き方の基本的なルールや専門用語などを学習します）。

退屈でちょっと眠たくなるかもしれない内容ですが、HTMLとCSSをきちんと覚えるには避けて通ることのできない重要な部分ですので、ここだけはちょっと頑張って覚えてください。

Chapter 3

文法的なカタい話

これから HTML のタグと CSS の表示指定を少しずつ学習していきますが、その前に HTML と CSS の説明で使われる用語や書式の基本ルールを覚えておきましょう。Chapter 4 以降をスムーズに進めていくにはどうしても必要な知識ですので、しっかりと覚えてください。

Chapter 3-1

HTMLのタグを正しくつける意味

テキストをどのようにタグづけするかは、実はとても大切なことです。
「正しく」タグづけすることにどんなメリットがあるのか、知っておきましょう。

CSSを独立させるメリット

かつてのWebページは、ワープロと同様の感覚で、どう表示させるかということだけを考えて制作されていました。しかも、CSSは一切使わずに、HTMLの表を作る機能を利用して、HTMLだけで作られていたのです(いわゆるテーブルレイアウトという制作手法です)。

しかし、それでは当然のように無理が生じます。HTMLで表示指定をおこなうと、ページ内の各部分ごとに表示指定を埋め込んでいくことになりますので、HTMLファイルの容量はかなり大きなものとなります。そして、表示指定がその場所ごとに埋め込まれているということは、たとえば100ページあるサイトの表示を変更しようと思ったら、100ページすべてを修正する必要があることにもなります。昔のWebページは、容量がムダに大きく、その分だけ読み込みにも時間がかかり、変更するにも大きな手間のかかるものだったのです。

HTMLで表示指定をおこなった場合、100ページの表示変更をするなら、100ページすべてを修正する必要がある

そこで、徐々にではありましたが、表示指定にCSSが利用されるようになってきました。表示指定をHTMLから取り除き、独立したCSSファイルにして、それを各HTMLから読み込ませる方式に変更したのです。これによって、HTMLファイルの容量は劇的に少なくなり、100ページの表示変更もHTMLに手を加えることなくCSSを修正するだけで済むようになりました。しかも、CSSファイルは一度読み込まれればキャッシュされますので、表示指定のデータを毎回新しく読み込む必要はなくなり、結果としてWebページの表示速度は驚くほど早くなりました。

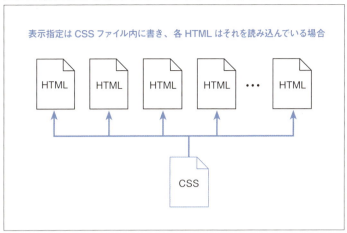

CSSで表示指定をおこなえば、100ページの表示変更でもCSSを変更するだけでOK

HTMLのタグを正しくつけるメリット

このようにしてCSSは徐々に普及していったのですが、その一方でHTMLのタグに関してはあまり注意を払わずに作る人が多くいました。具体的に言うと、ページ内の多くの部分に対して <div>〜</div> というタグばかりをつけてしまうという制作方法です。

これはつまり、HTMLを「ページ内の構成要素として何であるかを示す印」として使うのではなく、「単純に範囲だけを示す印」として使っていることになります。それでもCSSを使用するメリットの多くは得られますが、それではWebページが本来持っているポテンシャルの一部しか発揮できないページになってしまいます。

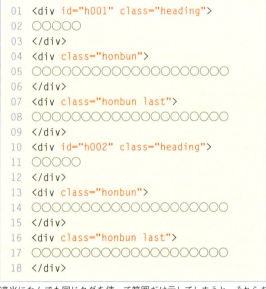

適当になんでも同じタグを使って範囲だけ示してしまうと、それらを区別するために余分な属性（赤で示した部分）をつける必要が生じる。また範囲は分かるが、それらが何であるのかは分かりにくい

まず、なんでもかんでも同じタグをつけてしまうと、それらを区別するために後述する「属性」というものを別途追加する必要が出てきます。見出しに対して見出しのタグ、本文の段落に対して段落のタグ、というように当たり前にタグがついていればそのままシンプルに表示指定できるものが、分かりにくくなり逆に複雑化することになるわけです。もちろん、余分なものを追加する分、ファイルの容量も増えます。

023

正しいHTMLは万能データ

さらに、ページ内のどの部分にも同じタグがつけられていると、多種多様な機器（今後新しく出現するであろう未知の機器も含む）で利用することが難しくなってしまいます。たとえば、ページの内容を音声で読み上げる場合を考えてみてください。どの部分にも同じタグしかついていなければ、タグは何かしらの範囲を示しているということが分かるだけで、あってもほとんど意味がありません。それでは、タグのない単純なテキストファイルと同じようなものです。

しかし、もし見出しに対して見出しのタグ、本文の段落に対して段落のタグ、というように適切にタグがつけられていれば、そのタグは大きな意味を持ちます。たとえば、Webページの内容を音声で読み上げさせる場合には、見出しの前で特定の音を鳴らしてそれが見出しであることを伝えたり、見出しと段落を別の音声で読み上げさせることで区別することも可能になります。また、単純に一定サイズのテキストしか出力できないような機器／ブラウザであっても、見出しは中央揃え、本文は左揃え、といったようにしてそれらを区別できます。つまり、正しく適切にタグがつけられていれば、一般的なブラウザとはまったく異なる環境でも利用できる"万能データ"になるということです。そして、それこそがWebページの持つ最大の能力であり特徴でもあるのです。

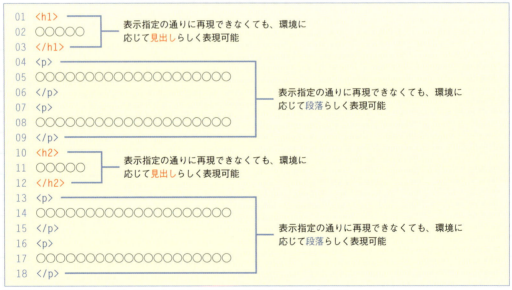

適切にタグがつけられていれば、環境に合わせた表現で出力可能な"万能データ"となる

Chapter 3-2

HTMLの基礎知識

HTMLのタグづけにも文法的な決まりがあり、はじめに覚えておくべき専門用語もあります。ここでは、これ以降の学習の前提となる基礎知識を身につけましょう。

HTMLの専門用語

これからHTMLの説明をしていくにあたって、その説明が何を指しているのかがハッキリと分かるようにするために、まずはHTMLで使われる用語から覚えていきましょう。

右は、Chapter 2でテキストにタグをつけたときのソースコードの一部（大見出しとしてタグをつけた部分）です。

タグはテキストの特定の範囲の前後につけますが、前のタグを**開始タグ**、後ろのタグを**終了タグ**と言います。そして、開始タグから終了タグまでを含む全体を**要素**と呼びます（Webページの構成要素という意味です）。

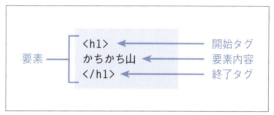

テキストにHTMLのタグをつけたときの各部分の名称

開始タグと終了タグの間にはさまれているテキストは**要素内容**、または単に内容と言います。この中でも特に頻繁に使用される用語は「要素」です。たとえば「<h1>〜</h1>」の範囲全体を指し示す場合に「h1要素」と表現したり、タグの内部の「h1」の部分だけを指して「要素名」と呼ぶなどして使用されます。

属性とは？

要素には、その要素の特性や状態などを示すために属性を指定することもできます。

属性は「○○○="□□□"」または「○○○='□□□'」の書式で、開始タグの要素名の直後に半角スペースで区切って書き入れます。

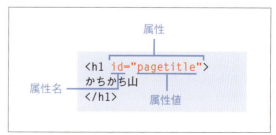

属性は「属性名="属性値"」の書式で指定する（「"」の代わりとして「'」も使用可能）。「属性値」は、単に「値」と呼ばれる場合もある

属性には、その要素に固有のもの、どの要素にも共通して指定できるものなどがあり、半角スペースで区切って必要な数だけ順不同で指定できます。

```
01  <h1 id="pagetitle" class="blog" lang="ja">
02  かちかち山
03  </h1>
```

```
01  <h1 lang="ja" class="blog" id="pagetitle">
02  かちかち山
03  </h1>
```

属性は順不同でいくつでも指定できる。
上の2つのソースコードは属性の指定順序が異なるが、意味的にも表示結果にも違いはない

半角スペース・改行・タブの表示

ソースコード上でタグの直前または直後に入れた半角スペース・改行・タブは、ブラウザでの表示に影響を与えません。たとえそれらが複数連続で入っていたとしても、それらが無いかのように表示されます。
たとえば、以下のソースコードの表示結果はどれも同じになります（つまり、どの書き方をしてもOKです）。

```
01  <h1>かちかち山</h1>
```

```
01  <h1>↵
02  かちかち山↵
03  </h1>
```

```
01  _____<h1>↵
02  _____かちかち山↵
03  _____</h1>
```

タグの直前または直後に半角スペース・改行・タブを入れても、表示には影響しない

また、開始タグと終了タグの間、つまり要素の内容として入れたテキスト内部の改行やタブは、ブラウザで表示されるときには1つの半角スペースに置き換わります。
要素内容として入れたテキストの途中で改行させたい場合には、Chapter 5で登場する改行用のタグが別途必要となる点に注意してください。

026　**Chapter 3**　文法的なカタい話

また、半角スペース・改行・タブのうちいずれかを連続して入れた場合は、それらはまとめて半角スペース1つになって表示されます（これは単語を半角スペースで区切って表示する英語のような言語のテキストを適切に表示するためです）。

```
01  <h1>Win Win Yama</h1>
02
03          <h1>⏎
04          Win⏎
05          Win⏎
06          Yama⏎
07          </h1>
```

はじめのh1要素の内容は単純に半角スペース1つで区切ってあり、2つ目のh1要素は単語間に改行と8つの半角スペースを入れてある

上のソースコードをHTMLの枠組みの中に入れてブラウザで表示させたところ。改行とそれに続く8つの半角スペースは、1つの半角スペースに置き換えられている

特別な書き方が必要となる文字

HTMLのソースコードの中に半角の「<」または「>」を記入すると、タグの一部だと認識されます。そのため、文字として「<」または「>」を表示させたい場合には、表のような特別な書き方をする必要があります。

ソースコード上の書き方	ブラウザでの表示
&lt;	<
&gt;	>

半角の「<」または「>」を表示させたい場合には、このように書く

なお、この書き方をする場合は、同じアルファベットでも小文字と大文字は別の文字として扱われますので、必ずこの表の通りに小文字で書いてください。

このように、HTMLにおいて特別な役割を持っていたり、キーボードから直接入力できないような特殊な文字を表示させるには、&○○○;という書式を使います。ちなみに、「<」を示すために使われている「lt」は「less than（より小さい）」の略で、同様に「gt」は「greater than（より大きい）」の略です。

027

&○○○;という書式が特別な意味を持っているため、「<」「>」と同様に半角の「&」を表示させたい場合にも特別な書き方をする必要があります。

また、属性は「属性名="属性値"」の書式で書き込みますが、属性値の中に「"」を書き込

ソースコード上の書き方	ブラウザでの表示
&amp;	&
&quot;	"

半角の「&」を表示させたい場合や、半角の「"」を属性値の中で使用したい場合には、このように書く

むとそこで属性値が終了したと見なされてしまいます。そこで、属性値の中にも「"」を入れられるように、これにも特別な書き方が用意されています。

ここで紹介した&○○○;という書式で入力できる文字は、このほかにもたくさんあります。入力可能なすべての文字の一覧は仕様書にありますので、必要になった場合には以下のページで確認してください。

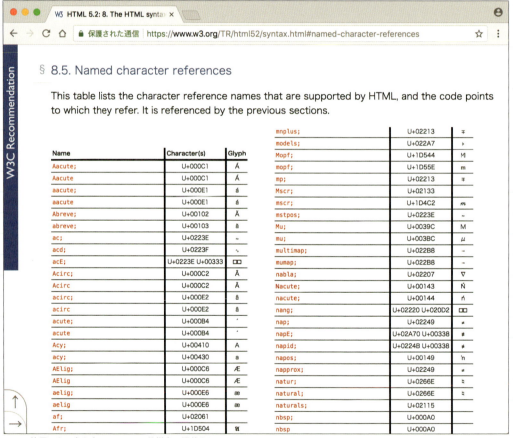

ほかに使用できる書き方はHTML5の仕様書に掲載されている。
https://www.w3.org/TR/html52/syntax.html#named-character-references

コメントの書き方

HTMLのソースコードの中には、表示に影響することのないコメント（注釈やメモのようなもの）を書き込んでおくことができます。HTMLでは、下のように <!-- と --> で囲った範囲がコメントとなります。

```
01   <!-- コメント -->
```

```
01   <!--
02   コメント
03   -->
```

コメントの書き方。<!-- と --> で囲われた範囲がコメントとなる

たとえば、ソースコード上で開始タグと終了タグが極端に離れているような場合に、終了タグの直後にコメントを入れて対応する開始タグがどれなのかが分かるようにしておく、といった使い方をします。

Chapter 3-3

HTMLのバージョンについて

HTMLのバージョンについて説明します。本書で解説していく「HTML5」がどういう経緯で登場してきたのか、以前のバージョンとどう違うのかを簡潔にまとめてみました。

HTML4.01とXHTML1.0

HTMLにはいくつかのバージョンと種類があって、それぞれで使用できる要素や属性が異なるだけでなく、細かい部分での書き方のルールなども違っています。現存するWebページで使用されているHTMLのバージョンと種類には、およそ次のようなものがあります。

バージョン	種類	説明
HTML4.01 （1999年に完成・公開）	Strict	本来のHTML4.01
	Transitional	文法的にあまいHTML4.01
	Frameset	フレーム機能が使えるHTML4.01
XHTML1.0 （2000年に完成・公開）	Strict	本来のXHTML1.0
	Transitional	文法的にあまいXHTML1.0
	Frameset	フレーム機能が使えるXHTML1.0
HTML5（2014年に完成・公開）	なし	HTMLの最新バージョン

HTMLの主なバージョンと種類

HTML4.01は、もともとあったSGMLという国際標準規格に準拠して作られたもので、長期にわたってHTMLの基本のような立ち位置で利用されてきたバージョンです。しかし、SGMLはWeb専用ではなく汎用的な規格であったため、当時のWebでそのまま使用するには処理が重くなりすぎるという欠点がありました。そこで、SGMLをWeb専用の規格として作り直したXMLが登場し、そのXMLという新しい規格でHTML4.01を定義し直したものがXHTML1.0です。したがって、細かい部分での書き方に違いはあるものの、HTML4.01とXHTML1.0では使える要素と属性に違いはありません。このような経緯により、長期にわたってWebページ制作ではXHTML1.0が中心的に使用されることとなりました。

HTML4.01とXHTML1.0には、それぞれ3つの種類があります。本来の仕様である「Strict」のほかに、テーブルレイアウト時代からCSSを使用したレイアウトへの移行期間用として用意された文法的にゆるい「Transitional」、そしてそのTransitionalにウィンドウを分割して使用可能なフレーム機能を加えた「Frameset」です。

030　　Chapter 3　　文法的なカタい話

2000年頃には、仕様としてはCSSも使用可能となってはいましたが、その後ブラウザがCSSにきちんと対応しない時期が長く続いたため、結果として当時の多くのWebページはXHTML1.0の「Transitional」で作成されていました。

HTML5

その後さまざまな経緯があり、XHTML1.0の進化系であるXHTML2.0の開発は途中で中止され、Webアプリケーションも作成可能なHTML5の開発が進められることとなりました。HTML5は、CSSが問題なく使用可能な現代の規格であるため、「Transitional」のような種類は特に用意されていません。

HTML5の仕様は2014年10月に完成し公開されました。その後、2016年にはHTML5.1にバージョンアップし、2017年にはHTML5.2も登場していますが、一般に「HTML5」と言えばその時点での最新版 (2018年10月現在ではHTML5.2) のことを指します。

本書では、このHTML5.2の仕様に準拠してHTMLを解説していきます。

COLUMN

大文字と小文字の区別

HTML5もCSS3も、基本的には大文字と小文字を区別しません (id属性の値のような一部の例外を除く)。したがって、要素名や属性名などは大文字で書いても小文字で書いてもどちらでもかまいません。しかし、文法的に間違いではないとはいえ、統一性のないソースコードは読みにくいものです。世界中の多くのページが現在そうなっているように、通常は小文字で統一して書いておくのが良いでしょう。

Chapter 3-4

CSSの基礎知識

続いてCSSについて説明します。CSSの書式を構成する各部分にも名前がついていますので覚えておきましょう。書き方のルールについても紹介します。

CSSの専門用語

次はCSSです。まずはCSSで使われる専門用語から説明します。

CSSのソースコードの各部分の名称

CSSは、表示指定をどの要素に対して適用するのかを最初に示しますが、その部分のことを**セレクタ**（selector）といいます。

そして、その要素に対する具体的な表示指定は、セレクタに続く { } の中に書いていきます。1つひとつの表示指定（「何をどのようにするか」を示す部分）は**宣言**と言い、{ } を含むその範囲全体を**宣言ブロック**と言います。

1つの宣言は、**プロパティ名**（「何を」を示す部分）と**プロパティ値**（「どのようにする」を示す部分）を順にコロン(:)で区切って指定します。通常はその直後にセミコロン(;)をつけますが、これは宣言と宣言を区切るための記号なので、宣言ブロック内の最後の宣言にはつけなくてもかまいません（ソースコードのコピー＆ペーストをしたときにセミコロンをつけ忘れるミスを防ぐ目的で、一般的には最後の宣言にもセミコロンをつけておきます）。

書き方のルール

セレクタ、プロパティ名、プロパティ値、｛ ｝：；の各記号の前後には、半角スペース・改行・タブを自由に入れることができます。したがって、次のようなさまざまな書き方が可能です。

```
01  h1 {
02    color: white;
03    font-size: 24px;
04  }
```

```
01  h1
02  {
03        color      :    white  ;
04        font-size   :    24px    ;
05        }
```

```
01  h1{color:white;font-size:24px;}
```

書式を構成する各部分の間には、半角スペース・改行・タブを入れることができる

どのような書き方をするのも自由ですが、いつも同じ書き方をしておかないとコピー＆ペーストによって書式がバラバラになったり、予想外の編集ミスを招いたりすることがあります。いつも一定のパターンで統一させて書くことが効率アップにつながるということを覚えておいてください。

また、CSSの適用対象を示すセレクタは、カンマ(,)で区切って同時に複数を指定できます。たとえば、h1要素、h2要素、p要素に同時に同じ表示指定をする場合は、次のように書きます。

```
01  h1, h2, p {
02    color: white;
03    font-size: 24px;
04  }
```

```
01  h1,
02  h2,
03  p
04  {
05    color: white;
06    font-size: 24px;
07  }
```

複数の適用先に同時に同じ表示指定をするには、セレクタをカンマで区切って指定する

033

コメントの書き方

HTMLと同様に、CSSのソースコード内にもコメントを書き込むことができます。CSSでは /* と */ で囲った範囲がコメントとなります。

ソースコード内に説明や注釈を入れておきたい場合や、表示指定を一時的に無効にしたいときなどに利用できます。

```
01  /* コメント */
```

```
01  /*
02  コメント
03  */
```

CSSのコメントの書き方。/* と */ で囲われた範囲がコメント

Chapter 3-5

CSSのバージョンについて

CSSにもバージョンがあります。ただし、HTMLのバージョンとは少し意味合いが異なりますので、注意してください。

現在使用されているのはCSS2.1とCSS3の一部

HTMLと同様に、CSSにもいくつかのバージョンがあります。正確に言うと、CSSの場合は"バージョン"ではなく"レベル"という用語が使われており、新しいレベルのCSSは古いレベルのCSSを元にして機能の追加と改善をおこなうことになっています。つまり、「レベルが変わると仕様が変わる」ということではなく、基本的には「新しいレベルはこれまでの仕様をそのままにして機能を追加したもの」であるということです。ただし、そのような意味を除けば、レベルという用語も基本的にはバージョンのような意味合いで使われています。

現在のCSSには、3つのレベルがあります。もっとも古いCSS1（CSSレベル1）は、1996年に完成・公開されたもので、あまりに古すぎるため事実上は廃止された状態となっています。そのため、現在のCSSのベースとなっているのはCSS2.1（CSSレベル2リビジョン1）です。CSS2.1は、CSS2の最初の仕様にあった誤りを訂正し、さらに仕様の細部を調整したものですが、長期にわたり使用されてきたため訂正箇所も多く見つかっており、また現実にそぐわなくなっている部分もあります。

CSS3（CSSレベル3）からは仕様書を機能別に分割してモジュール化し、小さくなった仕様を個別に策定していくこととなりました。それまでの仕様は内容も膨大なものとなっており、1つの仕様として完成させるには、多くの時間と労力がかかることが予想されたからです。モジュール化することによって、早急に作成する必要のある機能の仕様を優先して早く完成させることが可能になりますし、改訂する必要が生じた場合の作業時間も短くて済むようになります（しかし現実的には多くのモジュールが完成しないままの状況が長く続いています）。

現在のCSSはこのような状況にあるため、CSS2.1を基本にしつつも、CSS3の完成したモジュールや完成に近いモジュールの機能をブラウザの実装状況に配慮しながら使用する、というのが実際のところです。CSS3のモジュールにある機能のなかには、すでに使用は避けられないほど重要なものもあれば、まだほとんど使用されていないものもあります。

本書では、CSS2.1の解説をベースにしつつ、CSS3の「現在では使用が必須となっている機能」「多くのサイトですでに導入されている機能」などを加えて解説していきます。

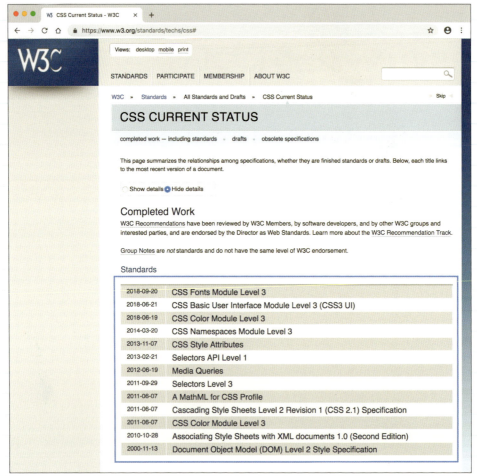

2018年10月現在で完成しているCSSの仕様の一覧（https://www.w3.org/standards/techs/css#）。数多くのモジュールがある中で、完成しているものはそれほど多くない

036　Chapter 3　文法的なカタい話

Chapter 4

ページ全体の枠組み

Chapter 4 では HTML のページ全体の枠組みを構成する各要素と、そこに CSS を組み込む方法を解説します。そして、背景関連のプロパティを使って、ページ全体の背景を指定するところまでを学習します。これ以降は HTML の要素と CSS のプロパティがどんどん登場してきますので、一つひとつしっかりと覚えていきましょう。

Chapter 4-1

HTMLの全体構造

Chapter 2では、テキストにタグをつけたあとに、それらをページ全体の枠組みとなるタグの中に入れました。ここではまず、その枠組みの各部分について説明します。ここに書かれているタグは、すべてが文法的に必須というわけではありませんが、一般的なHTMLであれば通常はすべてが使用されます。

それでは、この枠組みの各部分を1つずつ確認していきましょう。

```
01  <!DOCTYPE html>
02  <html>
03  <head>
04  <meta charset="utf-8">
05  <title>サンプル</title>
06  </head>
07  <body>
08
09  </body>
10  </html>
```

Chapter 2で使用したHTMLのページ全体の枠組みとなるタグ

`<!DOCTYPE html>`

まずは先頭にある、普通のタグとはちょっと違った雰囲気のタグからです。実はこれはHTMLの中では特別な役割を持ったもので、要素のタグではなく**DOCTYPE宣言**（文書型宣言）と呼ばれているものです。

HTML5より前の各バージョンのHTMLには、それぞれに<u>DTD</u>（Document Type Definition：文書型定義）と呼ばれるファイルが用意されていました（Webの仕様を作成している<u>W3C</u>という組織のサイト内にあります）。DTDには、そのバージョンのHTMLではどの<u>要素・属性</u>が使用できるのか、各要素はどこに何回どの順序で配置できるのか、といった情報が独自の文法で記述されています。そして、そのDTDをHTMLの先頭にあるDOCTYPE宣言で指定することで、そのHTMLファイルがどのバージョンの文法にしたがって記述されているのかを示すルールになっていたのです（そのような意味で文書型宣言という名前になっています）。

しかし、2000年頃から、各社ブラウザはこのDOCTYPE宣言を別の用途にも利用するようになっていきました。当時、HTMLで表示指定をしていたページのほとんどは文法を無視しており、DOCTYPE宣言はつけていなかったので、DOCTYPE宣言がなければ「HTMLで表示指定をしている旧式のページ」、DOCTYPE宣言があれば「標準仕様に準拠した新しいページ」という風に判定し、<u>ブラウザの表示モード</u>を自動的に切り替えるようになったのです。はじめにMac版のInternet Explorerがその方式を採用すると他社のブラウザもそれにならい、現在ではほとんどのブラウザが同様の仕組みになっています。

038　**Chapter 4**　ページ全体の枠組み

しかし、HTML5からはDTDはなくなりました。もともとDTDに書かれていた情報は、HTML5の仕様書の中に専用の言語を使用せずに書き込まれることになったからです。そのため、本来の意味からすればHTML5にはDOCTYPE宣言は不要となったのです。ところが現在のほとんどのブラウザは、DOCTYPE宣言をつけなければ「HTMLで表示指定をしている旧式のページ」と認識してそのページを扱ってしまうことになります（その場合、古いブラウザの独自仕様などに合わせた表示となるので正しい表示結果は得られなくなります）。そうなることを回避する目的で（つまりブラウザの表示モードを制御するだけの目的で）、HTML5では必要最低限のシンプルなDOCTYPE宣言をつけることとなっています。

なお、本書では `<!DOCTYPE html>` のように一部を大文字で記述していますが、DOCTYPE宣言は大文字で書いても小文字で書いてもOKです。

html 要素

DOCTYPE宣言のあとには `<html>` ～ `</html>` を配置します。それ以外の要素はすべてその中に書き込みます。

ある要素の中に直接入っている要素をその要素の**子要素**であると表現することがあります。逆に、自分を直接含んでいる要素は**親要素**ということになります。HTMLの各種要素をこのような親子関係で考えたとき、html要素はすべての要素の先祖ということになりますので**ルート要素**（the root element）とも呼ばれています。

```
01  <!DOCTYPE html>
02  <html>
03  <head>
04  <meta charset="utf-8">
05  <title>サンプル</title>
06  </head>
07  <body>
08
09  </body>
10  </html>
```

DOCTYPE宣言を除くすべての要素はhtml要素の中に入れる

COLUMN

HTML4.01とXHTML1.0のDOCTYPE宣言

参考までに、HTML4.01とXHTML1.0のDOCTYPE宣言を掲載しておきます。HTML5より前のバージョンでは、このような長いDOCTYPE宣言が使用されていました。バージョンが同じでも、種類（Strict / Transitional / Frameset）によってDOCTYPE宣言は異なります。

HTML4.01 Strict の場合

```
<!DOCTYPE HTML PUBLIC "-//W3C//DTD HTML 4.01//EN"
 "http://www.w3.org/TR/html4/strict.dtd">
```

HTML4.01 Transitional の場合

```
<!DOCTYPE HTML PUBLIC "-//W3C//DTD HTML 4.01 Transitional//EN"
 "http://www.w3.org/TR/html4/loose.dtd">
```

HTML4.01 Frameset の場合

```
<!DOCTYPE HTML PUBLIC "-//W3C//DTD HTML 4.01 Frameset//EN"
 "http://www.w3.org/TR/html4/frameset.dtd">
```

HTML4.01のDOCTYPE宣言

XHTML1.0 Strict の場合

```
<!DOCTYPE html PUBLIC "-//W3C//DTD XHTML 1.0 Strict//EN"
 "http://www.w3.org/TR/xhtml1/DTD/xhtml1-strict.dtd">
```

XHTML1.0 Transitional の場合

```
<!DOCTYPE html PUBLIC "-//W3C//DTD XHTML 1.0 Transitional//EN"
 "http://www.w3.org/TR/xhtml1/DTD/xhtml1-transitional.dtd">
```

XHTML1.0 Frameset の場合

```
<!DOCTYPE html PUBLIC "-//W3C//DTD XHTML 1.0 Frameset//EN"
 "http://www.w3.org/TR/xhtml1/DTD/xhtml1-frameset.dtd">
```

XHTML1.0のDOCTYPE宣言

head要素とbody要素

html要素以外の要素はすべてhtml要素の中に書き込みますが、html要素の中に直接入れることができるのは、**head要素**と**body要素**だけです。必ずhead要素・body要素の順で1つずつ入れる決まりになっています。

```
01  <!DOCTYPE html>
02  <html>
03  <head>
04  <meta charset="utf-8">
05  <title>サンプル</title>
06  </head>
07  <body>
08
09  </body>
10  </html>
```

html要素の中には、head要素とbody要素を順に1つずつ入れる

head要素は、そのWebページに関する情報を入れるための要素です。

たとえば、文字コードを示す要素、Webページのタイトルを示す要素、適用するCSSファイルのURLを示す要素、適用するJavaScriptファイルのURLを示す要素、といった要素を順不同で必要なだけ入れることができます。head要素に入れた内容は、基本的にはWebページの内容としてブラウザで表示されることはありません（ただし、タイトルはウィンドウのタイトルバーやタブなどに表示されます）。

それに対してbody要素には、ブラウザで表示させたい内容を入れます。つまり、ブラウザでWebページのコンテンツとして表示されるのは、body要素の中に入れられた内容なのです。body要素にも、必要な要素を順不同でいくつでも入れることができます。

このような、どの要素の中にどの要素をどの順番でいくつ入れられるか、というルールは要素ごとにあらかじめ決められています。本書では、巻末のAppendixで一覧表で掲載していますので、必要に応じて参照してください。

title要素

title要素は、そのWebページのタイトルであるテキストを入れる要素です。テキスト以外の他の要素は入れられませんので注意してください。

title要素の内容は、Webページを表示する際にブラウザのウィンドウのタイトルバーまたはタブに表示されます。この要素は、一般的なWebページであればhead要素の中に必ず1つだけ入れる必要があります(例外もあり、たとえばHTMLメールの場合はメール自身のタイトルがありますのでtitle要素は省略可能とされています)。

```
01  <!DOCTYPE html>
02  <html>
03  <head>
04  <meta charset="utf-8">
05  <title>サンプル</title>
06  </head>
07  <body>
08
09  </body>
10  </html>
```

Webページのタイトルはtitle要素の内容として書き込む

title要素の内容は、このようにタブやタイトルバーに表示される

meta要素

meta要素は、そのWebページ自身に関するさまざまな情報（メタデータ）を示すことのできる要素です。ここまでに紹介してきた要素とは異なり、meta要素は各種情報を要素内容ではなく属性の値に書き込んで示します。そのため、meta要素には常に要素内容がなく、終了タグもありません。HTMLにはこのようなタイプの要素がいくつかあり、それらは空要素と呼ばれています。

```
01  <!DOCTYPE html>
02  <html>
03  <head>
04  <meta charset="utf-8">    ← meta要素は空要素なので開始タグのみ
05  <title>サンプル</title>
06  </head>
07  <body>
08
09  </body>
10  </html>
```

meta要素には、要素内容と終了タグがない

空要素は開始タグだけを書けばいいのですが、XHTMLの書式との互換性を持たせるために、右のように開始タグの最後の > の直前に半角スペースとスラッシュ（/）を入れることもできます。

HTML5の空要素は、このような2種類の書き方ができる

meta要素には、次の属性を指定することができます。
「文字コード」を指定する場合は、<u>charset属性</u>を使用します。「文字コード」以外の情報を指定する場合は、<u>name属性</u>または<u>http-equiv属性</u>のいずれかで「情報の種類」を示し、具体的な情報は<u>content属性</u>の値として指定します。name属性とhttp-equiv属性のどちらを使用するかは、情報の種類によって異なります。

meta要素に指定できる属性

- **charset="文字コード"**
  このHTMLファイルがどの文字コードで保存されているのかを示します。
  UTF-8の場合は「UTF-8」、シフトJISの場合は「Shift_JIS」、EUCの場合は「EUC-JP」のように指定します（HTML5ではUTF-8で保存することを推奨しています）。
  文字コードを指定する際は、大文字と小文字を区別せずに使用できます。

次ページへ続く

043

meta要素に指定できる属性（続き）

・name="情報の種類"
　　content属性で指定する情報の種類を名前で示します。
　　情報の種類によってはhttp-equiv属性を使用します。

・http-equiv="情報の種類"
　　content属性で指定する情報の種類を名前で示します。
　　情報の種類によってはname属性を使用します。

・content="情報"
　　name属性またはhttp-equiv属性で指定された種類の具体的な情報を指定します。

meta要素の典型的な使い方を示しますので参考にしてください。

```
01  <head>
02  ・・・
03  <meta name="viewport" content="width=device-width, initial-scale=1.0">  …Ⓐ
04  <meta name="description" content="札幌のおいしいお店を紹介するブログです。">  …Ⓑ
05  <meta name="keywords" content="札幌,グルメ,ジンギスカン,ラーメン">  …Ⓒ
06  ・・・
07  </head>
```

meta要素の典型的な使用例

meta要素は、head要素内の任意の位置にいくつでも入れられます。

Ⓐは、このWebページをスマートフォンで見たときに、初期状態で縮小された状態にならないようにする指定です。この指定が必要になる理由と詳しい指定方法については「Chapter 10 その他の機能とテクニック」で解説します。

Ⓑは、このWebページの紹介文（簡単な説明）を指定しています。ここで指定した紹介文は、検索された際の検索結果の一覧画面で、ページのタイトルとともに表示されます（この紹介文が使用されるかどうかは検索エンジンによって異なります）。

Ⓒは、このWebページを検索しやすくするためのキーワードを指定しています。ただし、この指定方法はSEO対策などで悪用されることがあるため、この指定を無視する検索エンジンもあります。

Chapter 4-2

CSSの組み込み方

枠組みの各部分の意味と役割が分かったところで、次はそのHTMLにCSSを組み込むための3種類の方法を説明します。1つめはChapter 2でCSSファイルを読み込ませたときのlink要素を使う方法で、2つめはstyle要素を使ってHTMLファイルの中に直接CSSを書き込む方法、3つめはstyle属性を使用して属性値としてCSSを書き込む方法です。

link要素

Chapter 2では、link要素を次のように使用してCSSファイルを読み込ませました（link要素は空要素です）。このように、rel属性の値にはキーワード「stylesheet」を指定し、href属性の値としてCSSファイルのURLを指定することで、CSSファイルを読み込ませることができます。link要素は、meta要素と同様にhead要素内の任意の位置で何度でも使用できます。つまり、link要素を複数使用することで、複数のCSSファイルを読み込ませることもできるということです。

sample/0420/index.html

```
01  <!DOCTYPE html>
02  <html>
03  <head>
04  <meta charset="utf-8">
05  <title>サンプル</title>
06  <link rel="stylesheet" href="style.css">
07  </head>
08  <body>
09
10  </body>
11  </html>
```

Chapter 2でCSSファイルを読み込ませたときの指定

実際には、link要素はCSSファイルを読み込ませるだけでなく、そのWebページに関連するさまざまなファイルを示すことのできる要素です。rel属性にはそのファイルの種類をあらわすキーワードを指定し、そのファイルのURLをhref属性で示します。

link要素には次のような属性が指定できます（多く使用されているもののみ抜粋）。

045

link要素に指定できる属性

・`rel="ファイルの種類"` ※必須

関連するファイルの種類をキーワードで示します。

指定できる値は次の通りです(主なもののみ抜粋)。なお、この値は大文字で書いても小文字で書いてもかまいません。

値	意味
stylesheet	スタイルシート(CSS)
alternate	代替バージョン(異なる言語や異なる媒体向けなど)
icon	Webページのアイコン(アイコン画像のファイルなど)
prev	連続しているページ中の前のページ
next	連続しているページ中の次のページ

・`href="ファイルのURL"` ※必須

関連するファイルのURLを指定します。

・`media="適用対象"`

CSSを適用する対象の出力媒体(パソコン画面・プリンタ・テレビなど)を限定したい場合に指定します。

下の表に掲載されている値が指定できますが、さらに細かく複雑な指定方法もあります。詳細はChapter 10-4の「メディアクエリー」で解説します。この属性を指定しなかった場合は、「all」が指定された状態となります。なお、この値は大文字で書いても小文字で書いてもかまいません。

値	意味
all	すべての機器
screen	パソコン画面(スマートフォンやタブレット端末の画面も含む)
print	プリンタ
projection	プロジェクタ
tv	テレビ
handheld	携帯用機器(画面が小さく回線容量も小さい機器)
tty	文字幅が固定の端末(テレタイプやターミナルなど)
speech	スピーチ・シンセサイザー(音声読み上げソフトなど)
braille	点字ディスプレイ
embossed	点字プリンタ

・`type="MIMEタイプ"`

関連するファイルのMIMEタイプを指定できます。「`rel="stylesheet"`」が指定されている場合、この属性を指定しなくても「`type="text/css"`」が指定されている状態(つまりtype属性のデフォルト値が「`text/css`」)となります。

> **COLUMN**

CSSファイルの文字コードの指定方法

HTMLもCSSもUTF-8で保存されているのであれば特に必要はありませんが、HTMLとCSSの文字コードが違う場合にはCSS側にも文字コードを指定した方が安全です。CSSで文字コードを指定するには、ソースコードの先頭に次のように記述します（必ずファイルの先頭に記述する必要があります）。

```
@charset "文字コード";
```

文字コードとして指定できるのは、meta要素のcharset属性の値と同様です。
UTF-8の場合は「UTF-8」、シフトJISの場合は「Shift_JIS」、EUCの場合は「EUC-JP」のように指定します。

chapter 4-2

style要素

style要素は、その内容としてCSSを直接書き込むことができる要素です。通常はhead要素の中で使用しますが、必要に応じてbody要素の中で使用することも可能です。

sample/0421/index.html

```
01  <!DOCTYPE html>
02  <html>
03  <head>
04  <meta charset="utf-8">
05  <title>サンプル</title>
06  <style>
07  body { background: orange; }
08  h1, p { color: white; }
09  p { font-size: 18px; }
10  </style>
11  </head>
12  <body>
13  <h1>かちかち山</h1>
14  <p>
15  昔々、ある会社に山田という名前の若い社長さんがおりました。社長仲間のあいだでは「やま」と呼ばれていました。山田社長には、ことあるごとに「Win-Winの考え方が大切なんです」と語りだすクセがありました。
16  </p>
17  </body>
18  </html>
```

style要素を使用すると、内容としてCSSを直接記入できる

しかし、style要素を使用すると、HTMLファイルの中に表示の指定を組み込んでしまうことになり、他のHTMLとCSSの表示指定を共有できなくなってしまいます。

047

そのため、この方法はこの要素を使用すべきなんらかの理由がある場合（ブログサービスでHTMLのテンプレートしか変更できない場合など）に限定して使うべきものです。link要素と同じ次の属性が指定できます（主要なもののみ抜粋）。

style要素に指定できる属性

・**media="適用対象"**
CSSを適用する対象の出力媒体（パソコン画面・プリンタ・テレビなど）を限定したい場合に指定します。指定できる値はlink要素のmedia属性と同様です。この属性を指定しなかった場合は、「all」が指定された状態となります。なお、この値は大文字で書いても小文字で書いてもかまいません。

・**type="MIMEタイプ"**
スタイルシート言語のMIMEタイプを指定できます。style要素はもともとCSS専用ではなく、CSS以外のスタイルシート言語にも対応できるようになっているため、この属性が用意されています。この属性を指定しなかった場合は「text/css」が指定された状態となります。

style属性

任意の要素にstyle属性を指定して、その値としてCSSの宣言（プロパティ: 値;）部分を書き込むことができます。その際、指定した宣言はstyle属性を指定した要素に適用されますので、セレクタおよび宣言ブロックの範囲を示す記号 { } は不要です。

sample/0422/index.html

```
01  <!DOCTYPE html>
02  <html>
03  <head>
04  <meta charset="utf-8">
05  <title>サンプル</title>
06  </head>
07  <body style="background: orange;">
08  <h1 style="color: white;">かちかち山</h1>
09  <p style="color: white; font-size: 18px;">
10  昔々、ある会社に山田という名前の若い社長さんがおりました。社長仲間のあいだでは「やま」と呼ばれて
    いました。山田社長には、ことあるごとに「Win-Winの考え方が大切なんです」と語りだすクセがありまし
    た。
11  </p>
12  </body>
13  </html>
```

style属性を使用すると、属性値としてCSSが直接記入できる

ただし、この方法を使用すると、HTMLのあちらこちらに細かく表示指定を埋め込んでしまうことになりメンテナンス性が低下します。style属性は、ちょっとした実験やテストをする際などに限定して使用すべきものだと考えた方がいいでしょう。

048　**Chapter 4**　ページ全体の枠組み

COLUMN

CSSの中にさらに別のCSSを読み込む

link要素を使ってCSSファイルを読み込むのと同様に、CSSの中からさらに別のCSSファイルを読み込むための仕組みも用意されています。それがCSSの「@import ～ ;」という書式です。

読み込むCSSファイルのURLは、文字列として "○○○" または '○○○' のように引用符で囲って指定するか、url(○○○) という関数形式で指定できます。

```css
@import "style.css";
@import url(style.css);
```

CSSの中からさらに別のCSSファイルを読み込む際の書き方の例

```css
@import url(print.css) print;
@import url(tv.css) tv, projection;
```

HTMLのmedia属性の値と同じものを指定することも可能

chapter
4-2

049

Chapter 4-3

グローバル属性

HTML5の属性の中には、style属性のようにどの要素にも共通して指定できる属性があります。そのような属性はグローバル属性と言い、HTML5では表の13種類が定義されています[※]。

属性名	値
id	固有の名前
class	種類を示す名前
title	補足情報
lang	言語コード
style	CSSの「プロパティ: 値;」
accesskey	ショートカットキー
tabindex	タブキーによる移動の順序
dir	文字表記の方向(ltr/rtl/auto)
contenteditable	編集の可・不可(true/false)
draggable	ドラッグの可・不可(true/false)
spellcheck	スペルチェックをするかどうか(true/false)
translate	ローカライズのときに翻訳するかどうか(yes/no)
hidden	非表示(指定するとtrue/指定しないとfalse)

グローバル属性の中には、頻繁に使用されるものもあれば、めったに使用されないものもあります。ここでは使用頻度が高く、覚えておくことが必須のグローバル属性をピックアップして紹介しておきます。

※ 実際には、このほかにJavaScriptで使用できる60種類以上のイベントハンドラも定義されています。

使用頻度の高いグローバル属性

id属性

要素に対して固有の名前をつける場合に使用します。id属性によってつけられた名前は、CSSでその要素だけに表示指定をする場合や、リンクによってページ内のその位置までジャンプさせる場合などに使用されます。id属性はページ内の特定の1つの要素（またはその場所）を示すものですので、同じページ内の別の場所で同じid属性の値を指定することはできません。id属性の値は、同じアルファベットでも大文字と小文字は別の文字として扱われますので注意してください。

class属性

要素の種類を示す（分類としての名前をつける）場合に使用します。あくまで種類を示すための属性ですので、同じページ内の複数箇所で同じ値を指定しても問題ありません。また、値は半角スペースで区切って同時に複数指定することもできます（id属性の値には半角スペースは入れられません）。id属性の値と同様、class属性の値も大文字と小文字は区別されますので注意してください。

title属性

要素に対して補足的な情報を加えたい場合に指定します。一般に、この属性に指定した値はツールチップとして（マウスカーソルを載せたときに）表示されます。そのため、スマートフォンやタブレット端末を使用しているユーザーは、現在のところこの属性で指定した情報を見ることができない点に注意してください。

lang属性

要素内容の言語（日本語・英語など）を示す場合に使用します。値には、日本語なら「ja」、英語なら「en」のように言語コードを指定します。この属性は、すべての要素を含むhtml要素に指定して、そのページ全体の基本言語を示すことが推奨されています。

Chapter 4-4

背景を指定する（1）

では、ここまでに覚えた要素に対して、さっそくCSSを指定してみることにしましょう。と
いっても、HTMLの枠組みとなっている要素の中で表示指定の対象にできる要素はbody要素
くらい※ですので、まずはbody要素（ページ全体）の背景を指定してみます。

また、「Chapter 4-2　CSSの組み込み方」ではstyle要素について学習しましたので、CSS
はここではstyle要素の内容として書き込みます（そのあとは基本的にlink要素を使用しま
す）。

background-colorプロパティ

はじめに、Chapter 2ですでにおこなったように、背景色を指定してみます。

ただし、Chapter 2ではbackgroundというプロパティを使用しましたが、ここではそれとは少し違う
background-colorという名前のプロパティを使用します（backgroundプロパティについてはChapter 7
で詳しく解説しますが、backgroundは背景色以外にも色々と指定できるプロパティです）。

background-color プロパティに指定できる値は、次の通りです。

background-colorに指定できる値

- ・色
  色の書式に従って任意の背景色を指定します。

- ・transparent
  背景色を透明にします。

本書では、プロパティの値のうち日本語で書いてある部分はその意味するものに置き換えた値で指定するこ
とを意味し、半角のアルファベットや記号で書いてある部分はキーワード（または書式の一部）としてそのまま
指定することを意味しています。これ以降、各プロパティに対して指定できる値については、そのルールで
統一して書いてありますので覚えておいてください。

たとえば、background-colorに指定できる値のうち、「色」についてはblack、white、redのような一
般的な英語の色名に置き換えて指定します（色を指定するための詳しい書式についてはChapter 5で詳しく解

※　正確に言えば、html要素に対してもCSSで表示指定をおこなうことができます。

説します)。「transparent」はキーワードですので、「background-color: transparent;」のようにそのまま指定することで、背景が透明になります。

なお、background-colorはHTMLのすべての要素に指定でき、初期値はtransparent、つまり透明です。Chapter 2で見出しや本文に特に背景色がつかずに、body要素の背景色が透けて見えていたのは、見出しや本文の背景色が初期値の transparent になっているためです。ただし、body要素だけは特別で、初期状態ではブラウザで設定されている色が表示されるようになっています。

それでは、さっそくHTMLの枠組みのbody要素に対して背景色を指定してみましょう。次のサンプルではpinkを指定しています。

sample/0440/index.html

```
01  <!DOCTYPE html>
02  <html lang="ja">
03  <head>
04  <meta charset="utf-8">
05  <title>サンプル</title>
06  <style>
07  body { background-color: pink; }
08  </style>
09  </head>
10  <body>
11
12  </body>
13  </html>
```

body要素の背景色を「pink」に指定している例

body要素の背景色として「pink」を指定したときの表示例

053

テキストエディタでそれ以外の色（black・red・blue・greenなど）に書き換えて保存し、ブラウザで再表示させて色が変化することを確認してみてください。

「pink」以外の色を指定した場合の表示例

background-imageプロパティ

さて、次はbody要素の背景に画像を表示させてみましょう。

背景画像を表示させるには、**background-image プロパティ**を使用します。指定できる値は次の通りです。

background-imageに指定できる値

- **url(画像のアドレス)**
  画像のアドレスを指定して、その画像を背景に表示させます（書式の先頭にあるurlという部分との混乱を避ける目的で、あえて「画像のURL」とは書かずに「画像のアドレス」と表記しています）。画像のアドレス部分は、`""` または `''` で囲っても問題ありません。

- **none**
  背景に画像を表示しない状態にします。

ではさっそくbody要素に背景画像を指定してみましょう。

画像ファイルは、下のサンプルファイルと同じフォルダ内の「images」というフォルダの中に入っている「photo.jpg」を使用します。

sample/0441/index.html

```
01  <!DOCTYPE html>
02  <html lang="ja">
03  <head>
04  <meta charset="utf-8">
05  <title>サンプル</title>
06  <style>
07  body { background-image: url(images/photo.jpg); }
08  </style>
09  </head>
10  <body>
11
12  </body>
13  </html>
```

body要素の背景として「images/photo.jpg」を指定している例

このサンプルを表示させると、次ページの図の左側のように表示されます。

しかし、ウィンドウを広げてみると、右側のように画像がタイル状に繰り返されていることが分かります。この繰り返しを制御するには、次に紹介するbackground-repeatプロパティを使用します。

chapter
4-4

055

背景全体に画像が表示された

画像がタイル状に繰り返されている

COLUMN

背景画像のURLについて

background-imageプロパティの値は url（画像のアドレス）の書式で指定しますが、この「画像のアドレス」の部分には絶対URLと相対URLの両方が指定できます。絶対URLとは、「http://www.example.com/images/photo.jpg」のようなブラウザのアドレスバーなどに表示される形式です。相対URLは、同じディスク上にあるファイルを相対的な位置で示す形式で、下の階層にあるファイルやフォルダの名前は / で区切って後ろに続けて示し、上の階層の場合は階層の数だけ前に ../ をつけて示します。たとえば、2つ上の階層にある images フォルダの中の photo.jpg を指定する場合は ../../images/photo.jpg となります。前ページのサンプルでは、相対URLの書式を使用しています。

056　Chapter 4　ページ全体の枠組み

background-repeatプロパティ

background-repeat プロパティは、背景画像をどのように繰り返して表示させるか、または繰り返さないかを指定するプロパティです。次の値が指定できます。

background-repeatに指定できる値

- repeat
    背景画像を縦横に繰り返して（タイル状に並べて）表示させます。

- no-repeat
    背景画像を繰り返さずに、1つだけ表示させます。

- repeat-x
    背景画像を横にのみ繰り返して表示させます。

- repeat-y
    背景画像を縦にのみ繰り返して表示させます。

さきほどのサンプルで使用した背景画像は大きすぎて繰り返しの状態を確認しにくいので、ここでは右のような小さめの画像を使用します。

では、この背景画像を指定し、さらにbackground-repeatプロパティも指定してみましょう。以下の例では、値は初期値の「repeat」になっていますが、テキストエディタでそれ以外の値にも変更して次ページの図のように並び方が変化することを確認してください。

次のサンプルで表示させる背景画像。
縦150ピクセル×横150ピクセル

sample/0442/index.html

```
01  <!DOCTYPE html>
02  <html lang="ja">
03  <head>
04  <meta charset="utf-8">
05  <title>サンプル</title>
06  <style>
07  body {
08      background-image: url(images/cloud.jpg);
09      background-repeat: repeat;
10  }
11  </style>
12  </head>
13  <body>
14
15  </body>
16  </html>
```

背景画像を指定し、縦横に繰り返して表示するように指定している例

値がrepeatのときの表示

値がno-repeatのときの表示

値がrepeat-xのときの表示

値がrepeat-yのときの表示

背景に関連するプロパティはこれら以外にもありますが、残りのプロパティに関してはChapter 7で(もう少しほかの要素とプロパティを覚えた段階で)紹介します。

Chapter 5

テキスト

ページ全体の枠組み部分を覚えたら、次はその内容です。Chapter 5
では、Web ページの主要な構成要素であるテキストに関連する要素と
プロパティについてひととおり解説します。また、色を指定するための
さまざまな書式と関連プロパティについてもここで紹介します。

Chapter 5-1

テキスト関連の要素

HTML5からは要素の分類方法が変更され、少々複雑になっています。ここではまず、新旧の分類方法の違いを解説し、その中から「テキスト関連」に分類される要素について、意味合いと使い方を紹介していきます。

要素の分類

HTML5には約100種類の要素があり、それらを分類するために次の7種類のカテゴリーが用意されています。具体的にどの要素がどのカテゴリーに該当するかは Appendix の「HTML5の要素の分類」に掲載してありますが、今の段階では「このようなカテゴリーがある」ということだけ覚えておけばOKです。

1. **フローコンテンツ**（Flow content）
2. **見出しコンテンツ**（Heading content）
3. **セクショニングコンテンツ**（Sectioning content）
4. **フレージングコンテンツ**（Phrasing content）
5. **組み込みコンテンツ**（Embedded content）
6. **インタラクティブコンテンツ**（Interactive content）
7. **メタデータコンテンツ**（Metadata content）

これら7種類のカテゴリー同士の関係は次ページの図のようになっており、多くの要素は複数のカテゴリーに含まれます（逆にどのカテゴリーにも含まれない要素もあります）。

フローコンテンツとは、ある特定の要素の内部にしか配置できないといった制限がなく、body要素の内部であれば基本的にどこにでも配置できる普通の要素という意味で、ほとんどの要素はまずこのカテゴリーに含まれています。そして、それらのほとんどはフローコンテンツでありつつ、他のカテゴリーにも含まれます。

060　**Chapter 5**　テキスト

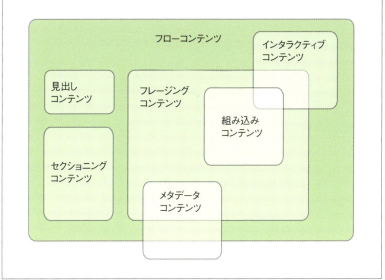

HTML5の要素のカテゴリー。多くの要素は複数のカテゴリーに該当するが、どれにも該当しない要素もある

HTML5では、「どの要素をどこに配置できるか」「どの要素にはどの要素を入れられるか」といった情報を示す際にこのカテゴリーを使用します。詳細はAppendixの「HTML5の要素の配置のルール」に掲載してありますので、本書を読み進めながら必要に応じて参照してください。

さて、まだ要素もほとんど覚えていない段階ですので、7種類のカテゴリーについてはここで覚える必要はありません。しかし、HTML5よりも前のバージョンのHTMLで使用されていた「おおまかな分類方法」については、覚えておいた方が良いでしょう。なぜなら、その分類方法はHTML5では使われなくなったものの、CSSにおいては現在でも使用されている重要な概念だからです。

その考え方とは、すべての要素を大きく「**ブロックレベル要素**」「**インライン要素**」「**その他の要素**」の3種類に分けるというものです。簡単に言えば、ブロックレベル要素とは、1つのまとまった単位となっているひとかたまりの(ページ内の1ブロックを構成するような)テキストのことを示します。たとえば、見出しや段落(Chapter 2で登場したh1要素とp要素)はブロックレベル要素の分かりやすい例です。

それに対してインライン(inline=行内)要素とは、ブロックレベル要素の中に入っているテキスト(文章)の一部分となるような要素のことを言います(ただし、必ずしもテキストだけではなく、文章の一部に入ることもある画像などもインライン要素に含まれます)。HTML5における「フレージングコンテンツ」は、この「インライン要素」とほぼ同様の分類にあたります。

なお、インライン要素やフレージングコンテンツには、ブロックレベル要素内で特にタグがつけられていない普通のテキストも含まれます。つまり、「要素内容としてインライン要素を入れることができます」と書いてある場合は、要素内容として普通のテキストも入れられるということを意味します。

061

ブロックレベル要素は1つのまとまりとして独立したものですので、その前後が他の要素のテキストと同じ行のままつながることはありません。基本的には、ブロックレベル要素の前後は改行された状態となります。それに対してインライン要素は文章の一部として使用しますので、その前後は同じ行のままつながって表示されます(これらはCSSを指定していない状態での話で、CSSを使用すれば表示はどのようにでも変更できます)。

ちなみに、ブロックレベル要素とインライン要素のどちらにも該当しない"その他の要素"には、Chapter 4で学習したHTMLの枠組みとして使用される要素や、たとえば表の内部でのみ使用可能な要素のように限定された特定の範囲内でしか使用できない要素などが含まれています。

それでは、HTML5の複雑な分類ではなく、まずはこのブロックレベル要素とインライン要素というシンプルな分類で、HTML5のテキスト関連要素を見ていきましょう。

従来のブロックレベル要素に該当する要素

右の表に示したのが、テキスト関連で従来のブロックレベル要素に該当する要素です。ただし、従来のブロックレベル要素に該当する要素はこれで全部というわけではありません。ここで紹介している要素は、あくまでテキスト部分にタグをつける際の基本となるブロックレベル要素です。

要素名	意味
h1～h6	見出し
p	段落
blockquote	引用文
pre	整形済みテキスト
div	汎用ブロックレベル要素

HTML5のテキスト関連要素のうち、従来のブロックレベル要素に該当する要素

「h1～h6」と表記した要素は、h1・h2・h3・h4・h5・h6という6種類の要素をまとめて表したものです。Chapter 2ではh1要素だけを紹介しましたが、アルファベットの「h」は「heading」の略で、これが見出しをあらわす要素であることを示しています。
それに続く1～6の数字は、見出しの階層をあらわしており、1が大見出し(一番上の階層)で数が増えるにしたがって1階層ずつ下の見出しとなります。

見出しをマークアップする際に注意しておきたいのは、見出しに付随するサブタイトルやキャッチフレーズ的な部分にh1～h6要素を使用してはいけないということです。たとえば、次のサンプルではサブタイトル部分をh2要素でマークアップしていますが、これはh1～h6要素の間違った使い方です。

```
01  <h1>かちかち山</h1>
02  <h2>Win-Winが大好きな山田社長の物語</h2>
```

h2要素の間違った使用例

062　**Chapter 5**　テキスト

では、サブタイトルやキャッチフレーズ部分をマークアップするにはどの要素を使用すればいいのでしょうか？　ここでは正しいマークアップの例をひとつ紹介しておきましょう。次のサンプルでは、サブタイトル部分にp要素を使用しています。このとき、p要素が一般的な本文の段落ではなく、見出しに付随するものであることを明確にするには、見出しとサブタイトルをheader要素でグループ化します。header要素は「いわゆるヘッダー的な部分」をグループ化するために使用できる要素ですが、詳細はChapter 7で解説します。

```html
01  <header>
02  <h1>かちかち山</h1>
03  <p>Win-Winが大好きな山田社長の物語</p>
04  </header>
```

見出しとサブタイトルの正しいマークアップ例

p要素は、Chapter 2で紹介したとおり、その内容が1つの段落（paragraph）であることを示す要素です。内容として入れられるのはインライン要素に該当する要素だけで、ブロックレベル要素は入れることができない点に注意してください。p要素は見出し関連要素と共にもっとも頻繁に使われる要素の1つですので、しっかりと覚えておきましょう。

blockquote要素は、その部分が引用文であることを示すブロックレベル要素です。もし、ブロックレベル要素としてではなく、文章内の一部分（インライン要素）として引用文を含める場合は、後述のq要素を使用します。blockquote要素の内容には、ブロックレベル要素でもインライン要素でも自由に入れられます。cite属性を指定して引用先のURLを示すこともできます。この要素は、ブログの記事で別の記事を引用する場合などによく使われます（一般的なブログサービスでは、このタグをつけると引用文向けに用意された表示指定が適用されるようになっています）。

```html
01  <blockquote cite="http://example.com/about.html">
02  <p> 〜 引用文 〜 </p>
03  </blockquote>
```

blockquote要素の使用例

pre要素は、その内容が整形済みのテキスト（preformatted text）であることを示す要素です。一般的なブラウザでは半角スペースや改行などが入力した状態のままで等幅のフォントで表示されます（具体的な表示方法はもちろんCSSで変更可能です）。ASCIIアートを表示させるような場合にも使用できますが、ソースコードを表示させる場合などに多く使用されます。要素内容として入れられるのはインライン要素に該当する要素だけで、ブロックレベル要素は入れられない点に注意してください。

div要素のdivはdivisionの略で、ただその範囲がブロックレベル要素であることだけを示します。基本的には、ブロックレベル要素の中で他にふさわしい要素がない場合に使用しますが、複数のブロックレベル要素をグループ化する際などに多く使用されます。div要素の内容には、ブロックレベル要素でもインライン要素でも自由に入れられます。

従来のインライン要素に該当する要素（1）

次は、テキスト関連で従来のインライン要素に該当する要素です。テキスト関連のインライン要素は数が多いので、比較的多く使用されるものと、それほど多くは使用されないものの2つに分けて紹介します。
なお、各要素の解説部分では触れませんが、インライン要素の場合、特別な例外を除いて要素内容として入れられるのはインライン要素だけです（つまり内容としてブロックレベル要素は入れられません）。
では、はじめに比較的多く使用されるインライン要素から見ていきましょう。

Chapter 3で説明したとおり、HTMLのソースコードの中で改行を入れても、ブラウザで表示させたときには半角スペースに置き換えられてしまい、その位置では改行はしません。ブラウザで表示させたときに改行させるためには、改行させたい位置にbr要素を配置します。たとえば住所と名前を掲載する場合に、住所と名前の間に改行を入れるような用途で使用します。

要素名	意味
br	改行
em	強調されている部分
strong	重要な部分・緊急性のある部分・注意・警告
q	引用文
cite	出典（作品名・作者名・URL）
code	ソースコード
small	欄外の付帯情報や注記（Copyright～ など）
span	汎用インライン要素

HTML5のテキスト関連要素のうち、比較的多く使用されるインライン要素

br要素は単純にその位置で改行させるためだけに使用される要素ですので、要素内容と終了タグのない空要素として定義されています。なお、br要素のbrは、改行をあらわす英語「line break」の「br」です。

```
01  <p>
02  〒012-3456<br>
03  北海道札幌市鳥獣保護区1-2-3<br>
04  大藤 幹
05  </p>
```

br要素の使用例

em要素は、その部分が強調されていることを示す要素です。emは、強調という意味の英単語「emphasis」の略です。一般的なブラウザでは斜体で表示されますが、表示方法はCSSで自由に変更できます。

strong要素は元々はem要素よりもさらに強い強調部分を示す要素でしたが、HTML5からはその部分が重要であることを示す要素に変更されました（緊急性のある部分や注意・警告をあらわす際にも使用できます）。一般的なブラウザでは太字で表示されますが、表示方法はCSSで自由に変更できます。

em要素が示す「強調」と、strong要素が示す「重要・緊急・注意・警告」には大きな違いはないようにも感じますが、「強調」はどこを強調するかによって文章の意味が変わってしまうという点が異なります。

064 Chapter 5 テキスト

たとえば、「<em>僕は</em>彼女が好きです」のようにタグをつけた場合、ほかの人はどうか分からないが "僕は" 好きだという意味になります。しかし、「僕は<em>彼女が</em>好きです」になると、僕はほかの人ではなく "彼女が" 好きだという意味になります。また、強調するということは、Webページの内容を音声で読み上げる場合のアクセントにも影響を与えます。strong要素が示す「重要・緊急・注意・警告」は、文章の意味を変えてしまうことはないという点で、em要素が示す「強調」とは異なります。

q要素は、その部分が引用文（quotation）であることを示すインライン要素です。同じ引用文をあらわすblockquote要素のインライン版です。blockquote要素と同様に、引用先のURLを示す**cite属性**も指定できます。一般に、日本語で文章中に引用文を含む場合にはその部分を「」で囲いますが、そのような記号はCSSで表示させることになっています（具体的な指定方法はChapter 10で解説します）。要素内容のテキストとして、「」やその他の引用符などは含めないように注意してください。

ただし、インラインの引用文に関しては、q要素のタグをつけて表現するほかに、あえてq要素のタグをつけずに自分で「」やその他の引用符をつけて示すことも認められています。日本語の場合は、原稿のテキストの一部として「」を含んでいるのが一般的ですので、特にq要素は使わないで元の原稿そのままにしておいてもまったく問題はありません。

```
01  <p>
02    アイヌ民族最後の狩人と呼ばれる姉崎氏によると<q>空のペットボトルを押して出る音をクマは
      嫌います</q>とのことだ。
03  </p>
```

```
01  <p>
02    アイヌ民族最後の狩人と呼ばれる姉崎氏によると「空のペットボトルを押して出る音をクマは嫌
      います」とのことだ。
03  </p>
```

インラインの引用文は、引用符をとって<q>〜</q>で囲っても、q要素にせずに原稿そのままにしておいてもOK

cite要素は、作品の出典を示すための要素です。作品のタイトルや作者の名前、URLなどをあらわす際に使用できます。ここで言う「作品」には、本・エッセイ・詩・論文・Webサイト・Webページ・ブログの記事・ブログのコメント・ツイート・映画・テレビ番組・脚本・歌・楽譜・絵画・彫刻・ゲームなどが含まれます。

code要素は、その部分がソースコード（要素名やファイル名にも使用可）であることを示す要素です。ソースコード中の改行やインデントをそのまま表示させたい場合には、ブロックレベル要素であるpre要素の内部でcode要素を使用してください。

chapter 5-1

```
01  <pre><code>body {
02      background-image: url(photo.jpg);
03      background-repeat: repeat;
04  }</code></pre>
```

CSSのソースコードをコンテンツとして掲載する場合のcode要素の使用例。ソースコード中の改行やインデントをそのまま再現したい場合は、pre要素の内部で使用する

small要素は、印刷物において欄外に小さな文字で掲載されているような付帯情報や注記（著作権表示や免責事項など）の部分をあらわすための要素です。元々はフォントサイズを小さくして表示させるための要素でしたが、HTML5からそのような意味に変更されました。

```
01  <p>
02  <small>Copyright &copy; 2018 ○○○, Inc. All rights reserved.</small>
03  </p>
```

small要素の使用例。「©」部分は「©」のように表示される

span要素は、div要素のインライン版で、その範囲がインライン要素であることだけを示します。ほかのインライン要素の中にふさわしいものがないような場合に使用します。

従来のインライン要素に該当する要素（2）

次に、あまり多くは使用されないインライン要素を見ていきましょう。

要素名	意味
abbr	略語
dfn	定義の対象となっている用語
sup	上付き文字
sub	下付き文字
i	普通の本文テキストとは性質が違う部分（外国語や学名など）
b	実用的な目的で目立たせてあるキーワードや製品名など
mark	注目してほしいので、原文に手を加えて目立たせてある部分

HTML5のテキスト関連要素のうち、それほど頻繁には使用されないインライン要素

abbr要素は、その部分が略語（abbreviation）であることを示す要素です。その略語が何の略であるかを示したい場合は、title属性の値として「省略していない状態の言葉」を指定することができます。

dfn要素は、その部分が定義（defining）対象の用語であることを示す要素です。「○○○とは、△△△△△のことです」といった何かを定義する文章の、○○○の部分に対して使用します。

sup要素はその部分が上付き文字（superscript）であることを、**sub要素**はその部分が下付き文字（subscript）であることを示す要素です。一般的なブラウザでは、それぞれ上付き文字・下付き文字として表示されます。

066　**Chapter 5**　テキスト

```
01  <p>
02  二酸化炭素はCO<sub>2</sub>です。
03  </p>
```
sub要素の使用例

sub要素の表示例

i要素は、もともとは単純に要素内容をイタリック体(italic)で表示させるための要素でした。しかしHTML5からは、主に文字としてアルファベットを使用する文化圏において、一般にイタリックで表記されるようなテキストの性質が異なっている部分(英文中のドイツ語など)をあらわすために使用する要素となりました。日本語の場合は「学名」を表記する際に使用されます。

b要素は、もともとは単純に要素内容を太字(bold)で表示させるための要素でした。しかしHTML5からは、実用的な目的で単純に目立たせてある部分(キーワードや製品名など)に使用する要素となりました。このタグをつけたからといって、「重要」や「強調」のような意味合いをあらわしているわけではない点に注意してください。

mark要素は、読者に注目してほしい部分を示すための要素です。たとえば、ある引用文があって、元のテキストではそうはなっていないけれども読んでいる人に注目してほしい部分を示す場合や、検索結果の一覧表示で検索に使用されたキーワード部分をハイライト表示したい場合などに使用します。イメージとしては、蛍光ペンで線を引いて目立たせるような感覚で使用する要素です。

リンク

さて次は、HTML5より前のHTMLではインライン要素に分類されていた、リンクを作成するための要素であるa要素を紹介しましょう。ちなみにa要素の「a」は、「(hypertext) anchor」の「a」です。
テキストの一部をリンクにするには、その範囲を**a要素**のタグで囲って、リンク先のURLをhref属性(hrefはhypertext referenceの略)で指定するだけです。たとえば、次のテキストの「サンプル」という部分を「http://www.example.com/」にリンクさせたい場合は、次のように記述します。

```
01  <p>
02  わかりやすい<a href="http://www.example.com/">サンプル</a>もあります。
03  </p>
```

「サンプル」というテキストをリンクにするときの記述例

このa要素は、HTML5より前はインライン要素として分類されていたために、内容として入れることができるのはインライン要素だけでした。しかし、HTML5からは、そのa要素の親要素に入れられる要素であれば、どの要素でも入れられるように仕様変更されています。つまり、a要素のタグをつけていない状態でそこにあっても問題のない要素であれば、どの要素でも<a href="○○○">～</a>で囲ってリンクにできるということです。したがって、h1～h6要素やdiv要素、ul要素といったブロックレベル要素をa要素の中に入れても、HTML5では文法エラーにはなりません。

ただし、そこには例外もあります。a要素の内部には、ほかのa要素およびインタラクティブコンテンツに分類される要素（フォームで使用される部品など）は一切入れられないことになっています。これはつまり、リンクの中に別のリンクが含まれていたり、リンクの中にテキスト入力欄やメニューやボタンなどがあってはいけないということを意味しています。

a要素には、href属性のほかにtarget属性も指定できます。target属性を使用すると、リンク先を新しいウィンドウやタブに表示させることなどが可能になります。

a要素に指定できる属性

・href="リンク先のURL"
　　この属性を指定することでa要素はリンクになります。
　　値にはリンク先のURLを指定します。

・target="リンク先を表示させるウィンドウまたはタブ名"
　　リンク先を表示させるウィンドウまたはタブを指定する場合に使用します。
　　値にはウィンドウまたはタブの名前が指定でき、指定した名前のものがすでにあればそこに表示し、なければ新しいウィンドウまたはタブに表示されます。また、値にはアンダースコアではじまる特別なキーワードも指定できます。
　　「_blank」を指定すると、リンク先は新しいウィンドウまたはタブに表示されます。
　　「_self」を指定すると、リンク先は現在のウィンドウまたはタブに表示されます。
　　「_parent」はChapter 10で登場するiframe要素を使っていて親ページがある場合に使用し、親となっているウィンドウまたはタブがある場合はそこへ、なければ現在のウィンドウまたはタブに表示させます。

COLUMN

ページ内の特定の場所にリンクする

href属性で指定するURLの最後に半角の「#」をつけ、そのあとにid属性で指定してある値を加えることで、指定したページ内のそのid属性が指定されている要素の位置へとリンクさせることができます（リンク先がある程度長いページの場合は、その要素が表示されるところまでスクロールした状態で表示されます）。

リンク元のソースコード

```
01  <p>
02  <a href="http://www.example.com/index.html#section2">第2節</a>へ。
03  </p>
```

リンク先（http://www.example.com/index.html）のソースコード

```
01  ・・・
02  <h1 id="section2">
03  第2節 ふざけたサンプルの本は信用するな
04  </h1>
05  ・・・
```

ページ内の特定の要素の位置にリンクさせたい場合は、リンク元のURLの最後に「#」をつけ、リンク先の要素のid属性の値を指定する

ルビ

インライン要素の最後は、構造がちょっと複雑な**ruby要素**です。rubyとは日本語のルビのことで、この要素を使うことで任意のテキストにふりがな（ルビ）をふることができます。

ある部分に単純にふりがなをつけるだけなら、ふりがなをふるテキストを＜ruby＞〜＜/ruby＞で囲い、終了タグ＜/ruby＞の直前に**rt要素**の内容としてふりがなのテキストを入れるだけでOKです。ちなみに、「rt」は「ruby text」の略です。

sample/0510/index.html

```
01  <p>
02  自転車で<ruby>濃昼<rt>ごきびる</rt></ruby>海水浴場に行きました。
03  </p>
```

テキストの上に表示させるふりがなはrt要素に入れて、ふりがなをふるテキストの直後に配置。それら全体をruby要素にすると、ふりがなが表示される

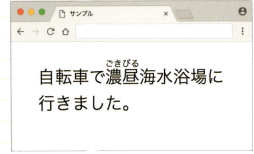

前ページのソースコードの表示例

しかし、現在の最新のブラウザのほとんどはruby要素に対応しているものの、すべての環境でルビが表示させられるわけではありません。

ルビに未対応の環境では、前ページのソースコードは次のように表示されます。

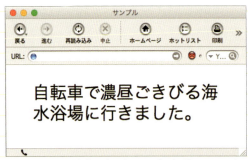

同じソースコードを古いバージョンのブラウザ(iCab 3.0.5)で表示させたところ。ルビは普通のテキストとして表示される

これはつまり、ルビに未対応の環境では漢字とふりがなが普通のテキストとしてそのまま続けて表示されてしまうということを意味しています。これでは文章が意味不明になってしまう可能性がありますので、ふりがなを( )の中に入れて表示させるための専用要素も用意されています。それが **rp要素** です(「rp」は「ruby parentheses」の略で、parenthesesは丸カッコを意味します)。これを使用することで、未対応の環境でも「濃昼ごきびる」ではなく「濃昼(ごきびる)」のようにカッコつきで表示させられるようになります。

未対応の環境では、ルビ関連の要素は無視されて、その要素内容であるテキストがそのまま続けて表示されることになりますので、rp要素はふりがなの直前と直後に配置することになります。その際、前側のrp要素の内容には開きカッコを、後ろ側のrp要素の内容には閉じカッコを入れます。

たとえば、前ページのソースコードに次のようにrp要素を2つ追加すると、未対応の環境ではふりがながカッコ付きで表示されるようになります。なお、ruby要素に対応しているブラウザでは、rp要素の内容は表示されない仕様となっています。

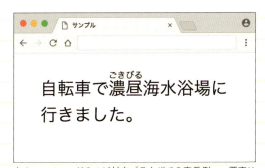

上のソースコードのルビ対応ブラウザでの表示例。rp要素は無視されるので、( )は表示されない

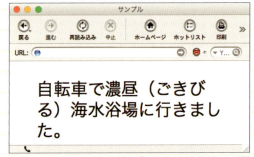

上のソースコードのルビ未対応ブラウザでの表示例。ルビ関連要素の内容がそのまま順にテキストとして表示されるので、このようになる

実はruby要素内には、「ふりがなをふるテキスト＋rp要素+rt要素+rp要素」を複数入れられる仕様となっています。

また、「ふりがなをふるテキスト」は**rb要素**としてマークアップすることもできます（「rb」は「ruby base text」の略です）。したがって、ruby要素の内容は次のようにマークアップすることも可能です。

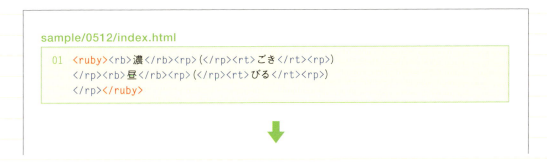

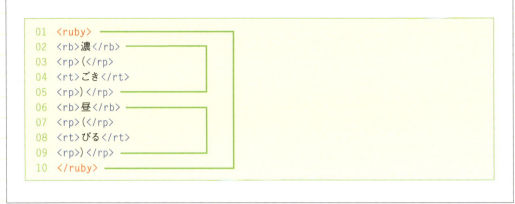

ruby要素の中は、このように分割して細かくふりがなをふることもできる

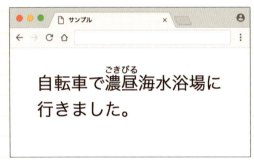

上のソースコードのルビ対応ブラウザでの表示例

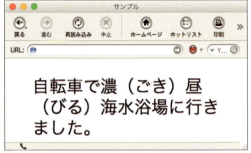

上のソースコードのルビ未対応ブラウザでの表示例

Chapter 5-2

色の指定方法

テキスト関連の要素がひととおり分かりましたので、次はそれらに対して指定できるCSSのプロパティを紹介していきます。でもその前に、今後さまざまなプロパティの値として指定することになる「色」の指定方法について、先に説明しておきましょう。

色の値の指定形式

ここまでのCSSの例では、色はblack、white、redのような色の名前で指定してきました。しかし、CSSにはほかにもいくつかの色の指定方法が用意されています。

「#ff0000」形式

記号#に続けて、RGBのRed、Green、Blueそれぞれの値を2桁ずつの16進数(計6桁)で指定する形式です。たとえば、赤のRGB値は10進数だと「Red=255、Green=0、Blue=0」です。255は2桁の16進数だとff、0は00となりますので、この形式だと赤は#ff0000となります。この形式はWebページの色指定ではもっとも一般的な方法ですので、多くのグラフィック系ソフトやツールなどはこの形式での色の値が分かるように作られています。

「#f00」形式

記号#に続けて、RGBのRed、Green、Blueそれぞれの値を1桁ずつの16進数(計3桁)で指定する形式です。この場合の1桁ずつの16進数はそのまま色の値として使用されるのではなく、各桁の数字の直後に同じ数字をもう1つずつ追加した値に変換されて使用されます。つまり、#123と指定されたら#112233、#f00と指定されたら#ff0000が指定されたことになるわけです。そのため、この形式で表せるのは、6桁のRGBの各2桁がそれぞれ同じ数字になっている色※だけです。

「rgb (255, 0, 0)」形式

16進数を使わずに、RGBの各値をシンプルに10進数で指定する形式です。rgb()のカッコ内に、RGB値をカンマで区切って順に入れるだけでOKです。

※ いわゆるWebセーフカラーは、すべて3桁の16進数形式であらわすことができます。Webセーフカラーとは、256色しか表現できないパソコンで機種による色の違いを生じさせないために使用されていた色のことで、具体的にはRGBの各値を16進数の 00, 33, 66, 99, cc, ff の組み合わせだけで作成した216色のことです。

073

「rgba（255, 0, 0, 0.5）」形式

rgb()の形式に透明度を示すalphaの値を追加した形式です。rgba()のカッコ内に、RGB値に続けて透明度も指定します。透明度は、0〜1の実数であらわし、0は完全に透明で、1は完全に不透明となります。たとえば、半透明の赤はrgba(255，0，0，0.5)となります。

	色の名前	#ff0000 形式	#f00 形式	rgb (255,0,0) 形式	rgba (255,0,0,0.5) 形式
	black	#000000	#000	rgb(0,0,0)	rgba(0,0,0,1)
	gray	#808080		rgb(128,128,128)	rgba(128,128,128,1)
	silver	#c0c0c0		rgb(192,192,192)	rgba(192,192,192,1)
	white	#ffffff	#fff	rgb(255,255,255)	rgba(255,255,255,1)
	fuchsia	#ff00ff	#f0f	rgb(255,0,255)	rgba(255,0,255,1)
	red	#ff0000	#f00	rgb(255,0,0)	rgba(255,0,0,1)
	yellow	#ffff00	#ff0	rgb(255,255,0)	rgba(255,255,0,1)
	lime	#00ff00	#0f0	rgb(0,255,0)	rgba(0,255,0,1)
	aqua	#00ffff	#0ff	rgb(0,255,255)	rgba(0,255,255,1)
	blue	#0000ff	#00f	rgb(0,0,255)	rgba(0,0,255,1)
	purple	#800080		rgb(128,0,128)	rgba(128,0,128,1)
	maroon	#800000		rgb(128,0,0)	rgba(128,0,0,1)
	olive	#808000		rgb(128,128,0)	rgba(128,128,0,1)
	green	#008000		rgb(0,128,0)	rgba(0,128,0,1)
	teal	#008080		rgb(0,128,128)	rgba(0,128,128,1)
	navy	#000080		rgb(0,0,128)	rgba(0,0,128,1)

CSSで使用できる基本的な色の名前と、それに対応する各形式の色の値

074　**Chapter 5**　テキスト

色に関連するプロパティ

ここで色に関連するプロパティを2つ紹介しておきます。1つはChapter 2でも使用したcolorプロパティで、もう1つは要素全体の透明度を指定するためのopacityプロパティです。

colorプロパティ

color プロパティは、テキストの色を指定するためのプロパティです。このプロパティで指定している色を初期値とするプロパティがいくつかあります（たとえば、テキストの影の色はこの値が初期値となります）。指定できる値は次の通りです。

colorに指定できる値

> ・色
> 　色の書式に従って任意の文字色を指定します。
>
> ・transparent
> 　文字色を透明にします。

opacityプロパティ

opacity プロパティを使用すると背景も含んだ要素全体の透明度を指定することができます。次の値が指定でき、初期値は1（不透明）となっています。

opacityに指定できる値

> ・実数
> 　透明度を0.0（透明）から1.0（不透明）の範囲の実数で指定します。

以下は、opacityプロパティの使用例です。半透明であることが分かりやすいように、body要素に背景画像を指定した状態で、h1要素に「opacity: 0.5;」を指定しています。文字色は白で背景色は黒にしていますが、文字色も背景色も半透明になっていることが確認できます。サンプルファイルを用意してありますので、opacityプロパティの値を書き換えて、透明度が変化することを確認してみてください。

HTML　sample/0520/index.html

```
01  <body>
02  <h1>
03  この要素全体の透明度をCSSのopacityプロパティで指定しています。
04  </h1>
05  </body>
```

chapter
5-2

075

```
CSS   sample/0520/styles.css
01  body {
02    background-image: url(images/photo.jpg);
03  }
04  h1 {
05    color: white;
06    background-color: black;
07    opacity: 0.5;
08  }
```

h1要素に「opacity: 0.5;」を指定

上のサンプルの表示例

opacityプロパティの値を0.2に変えた状態

opacityプロパティの値を0.7に変えた状態

Chapter 5-3

テキスト関連のプロパティ

ここからテキストに対して指定できるCSSプロパティの説明をしていきます。プロパティで使用する値の説明と、実用に際して気をつけなければいけないことをまとめています。

フォント関連プロパティ

続けて、テキストに関連するCSSのプロパティを紹介します。まずはテキスト部分のフォントを制御するプロパティ（フォントサイズ・行の高さ・フォントの種類・太字・斜体）からです。

font-sizeプロパティ

Chapter 2では、**font-size プロパティ**でh1要素とp要素の**フォントサイズを指定**しました。そこでは数値に「px」という単位をつけてピクセル数でフォントサイズを指定しましたが、実際には次のようなさまざまな値が指定できます（初期値は「medium」で、ブラウザで設定している標準フォントのサイズとなります）。

font-sizeに指定できる値

- **単位つきの実数**
  フォントサイズを単位つきの実数（16px など）で指定します。

- **パーセンテージ**
  親要素のフォントサイズに対するパーセンテージで指定します（150%のように、実数の直後に半角の「%」をつけて指定します）。

- **xx-small, x-small, small, medium, large, x-large, xx-large**
  7種類のキーワードで指定できます。
  xx-smallがもっとも小さく、mediumは普通のサイズで初期値、xx-largeがもっとも大きなサイズとなります（実際に表示されるサイズはブラウザによって異なります）。

- **smaller, larger**
  親要素のフォントサイズに対して、一段階小さく（smaller）、または大きく（larger）します。

CSSで使用する単位について

さて、font-sizeには「単位つきの実数」が指定できると書かれていますが、CSSで使用可能な単位のうち、主要なものを3つここで紹介しておきましょう。

単位	説明
px	ピクセル
em	その要素のフォントサイズを1とする単位
rem	html要素のフォントサイズを1とする単位

CSSで使用できる主な単位

Chapter2ですでに使用したpxは、1/96インチを1とする単位です。わかりやすく言えば、96dpi（dots per inch）の画面における1ピクセルの大きさを1とする単位です。現在ではAppleのRetinaディスプレイのような高画素密度のディスプレイも多く使用されていますが、pxは昔ながらの96dpiの画面を基準としており、この単位を特に「CSSピクセル」と呼んで一般的な意味でのピクセル（物理的な1ドットなど）と区別することもあります。

em（エムと読みます）は、font-sizeプロパティ以外に使用した場合と、font-sizeプロパティに使用した場合とで意味が異なる単位です。font-sizeプロパティ以外に使用した場合、この単位はその要素のfont-sizeプロパティの値を1とする単位となります。font-sizeプロパティに使用した場合は、親要素のfont-sizeプロパティの値を1とする単位となります。

remは「root要素のem」の意味で、HTML文書のルート要素であるhtml要素のフォントサイズ（通常はブラウザの環境設定で設定されているフォントサイズ）を1とする単位です。

line-heightプロパティ

次に紹介するのは、行の高さを指定するプロパティのline-height（ラインハイトと読みます）です。これもChapter2で使用したプロパティの1つです。次の値が指定できます（初期値は「normal」です）。

line-heightに指定できる値

- **実数**
  行の高さを単位をつけない実数（1.5など）で指定します。
  行の高さは、ここで指定した実数とフォントサイズを掛けた高さとなります。

- **単位つきの実数**
  行の高さを単位つきの実数（24pxなど）で指定します。

- **パーセンテージ**
  行の高さをフォントサイズに対するパーセンテージ（150%など）で指定します。

- **normal**
  ブラウザ側で妥当だと判断する行の高さに設定します(ブラウザによって表示結果は異なります)。

指定できる値の中に「単位をつけない実数」が含まれています。フォントサイズを基準にしてその「何倍」と指定したいのであれば、emを使うこともパーセンテージを使うこともできるのに、なぜわざわざこの値が用意されているのでしょうか?

実は、これらの指定方法のあいだには、大きな違いがあります。どの方法で「何倍」と指定してもline-heightプロパティを指定した要素自体にはなんら違いは現れないのですが、その内部に含まれている要素には大きな違いが生じるのです。

CSSのプロパティの中には、表示指定をその要素だけに適用するものと、その内部に含まれる要素にも適用するものとがあります。たとえば、font-sizeは内部の要素にも適用されますが、背景関連のプロパティは内部の要素には適用されません。line-heightは、内部の要素にも適用されるプロパティです。

CSSでは、指定された値をこのように内部の要素に適用する場合、指定された値をそのまま適用するのではなく、計算結果の値を適用することになっています。たとえば、フォントサイズが10ピクセルの要素に対して「line-height: 1.5em;」や「line-height: 150%;」を指定した場合、内部の要素に適用されるのは「1.5em」や「150%」ではなく、計算結果の「15px」なのです。

この場合でも、内部の要素のフォントサイズがすべて同じであれば、特に影響はありません。しかし、内部にフォントサイズが30ピクセルのテキストが入っていたりすると、行の高さが15ピクセルでは収まりきらずにはみ出して(ほかの行と重なって)しまうことになります。

line-heightに指定できる「単位をつけない実数」は、その問題を解決するために用意されたものです。実は、「単位をつけない実数」を指定した場合に限り、計算結果の値ではなく、その「単位をつけない実数」をそのまま内部の要素にも適用することになっています。こうすることで、内部に30ピクセルのテキストが入っていても、行の高さは「15px」ではなく「45px」になり、テキストが行をはみ出すことはなくなるというわけです。このような理由から、line-heightには多くの場合「単位をつけない実数」が指定されます。

HTML sample/0530/index.html

```
01  <body>
02  <h1>
03  これはh1要素です。フォントサイズは30ピクセルです。
04  </h1>
05  <p>
06  これはp要素です。　・・・中略・・・　しています。
07  </p>
08  </body>
```

chapter
5-3

079

```
CSS    sample/0530/styles.css
01  body {
02      font-size: 10px;
03      line-height: 150%;
04  }
05  h1 {
06      font-size: 30px;
07  }
```

body要素に「line-height: 150%;」を指定

上のソースコードをブラウザで表示させるとこのようになる

line-heightの値を「150%」から「1.5」へと変更すると文字が重ならなくなる

COLUMN

値の継承について

CSSのプロパティの中には、指定された値をその内部に含まれる要素にも適用するものとしないものがあると書きました。たとえば、body要素にfont-sizeプロパティを指定すると、その値はbody要素の中に含まれるp要素などにも適用されます。しかし、body要素にbackground-imageプロパティで背景画像を指定しても、内部のp要素などには適用されません。

このように、指定された値を内部の要素にも継承させるかどうかは、通常は特に意識しなくてもそのプロパティの種類に応じてうまく機能するように作られています。そして、親要素の値を継承しないプロパティであっても、値に「inherit」と指定するだけで強制的に親要素の値を継承させることが可能となっています。

なお、「inherit」はCSSのすべてのプロパティで使用できますが、本書の「○○○に指定できる値」という部分では記載を省略しています。

font-familyプロパティ

さて、次もChapter 2で使用したプロパティの**font-family**です。テキストを表示させるフォントの種類を指定するためのプロパティで、値には次のようにフォントの名前またはフォントの種類をあらわすキーワードが指定できます。初期値はブラウザで設定されているフォントとなります。

font-familyに指定できる値

・**フォント名**
フォントの種類をフォントの名前で指定します。
ここで指定するフォント名は、「Arial Bold」や「Arial Italic」のような個別のフォント名ではなく、「Arial」のようなフォントファミリー名である点に注意してください(「Arial Bold」や「Arial Italic」を選択するには、次に説明するfont-weightプロパティとfont-styleプロパティを使用します)。

・**serif, sans-serif, cursive, fantasy, monospace**
フォントのおおまかな種類をあらわす5つのキーワードで指定できます(実際に表示されるフォントの種類はブラウザによって異なります)。

キーワード	フォントの種類
serif	明朝系フォント
sans-serif	ゴシック系フォント
cursive	草書体・筆記体系フォント
fantasy	ポップ系フォント
monospace	等幅フォント

このプロパティの値は、指定したフォントが閲覧者の環境にインストールされていない場合に備えて、カンマ(,)で区切って複数指定しておくことができます。その場合は、より前に(左側に)指定されているフォントで、その環境で利用可能なものが採用されることになります。

フォント名として指定できるのは、引用符("または')で囲った文字列か、CSSで識別子として認識される文字列だけです。したがって、記号を含んでいたり先頭が数字になっているフォント名を指定する場合には、引用符で囲うかバックスラッシュ記号を使った特別な書式に変換する必要があります。フォント名は、常に引用符で囲うようにするのが簡単で安全な指定方法です。ただし、フォントの種類をあらわす5つのキーワードに関しては、引用符をつけると認識されなくなりますので注意してください。

sample/0531/styles.css

```
01  body {
02    font-family: "ヒラギノ角ゴ Pro W3","Hiragino Kaku Gothic Pro","メイリオ
  ","Meiryo","MS Pゴシック","Helvetica Neue","Helvetica",sans-serif;
03  }
```

font-familyプロパティの使用例。同じフォントファミリーを日本語と英語の両方で指定しているのは古いブラウザにも認識させるため

さて、font-familyプロパティの属性の解説部分でも触れましたが、1つのフォントファミリーの中にある**bold**

の書体を選択するのが font-weight プロパティで、italic の書体を選択するのが font-style プロパティです。もし、bold や italic の専用書体が用意されていないフォントであっても、一般的なワープロなどのように太字や斜体で表示させることが可能です。では、これらの使い方を順に見ていきましょう。

font-weight プロパティ

font-weight プロパティには次の値が指定できます。初期値は「normal」です。

font-weight に指定できる値

・100，200，300，400，500，600，700，800，900
　9種類の数値で指定できます（実際に表示される太さはフォントの種類によって異なります）。
　100がもっとも細く、400が標準の太さで初期値、900がもっとも太くなります。

・bold
　そのフォントの一般的な太字の太さにします。700を指定した場合と同様の結果となります。

・normal
　そのフォントの標準の太さにします。400を指定した場合と同様の結果となります。

・bolder
　一段階太くします。

・lighter
　一段階細くします。

指定できる値としては、太さを細かく指定できるようになっていますが、日本語の環境では太さの異なる日本語フォントがそれほど多くインストールされていることは期待できません。そのため、値としてはシンプルに「bold」を使用するのが一般的です。strong 要素のように最初から太字で表示されるフォントを標準状態に戻したい場合は、「normal」を指定します。

font-style プロパティ

font-style プロパティには次の値が指定できます。初期値は「normal」です。

font-style に指定できる値

・italic
　イタリック体（イタリック体専用にデザインされたフォント）で表示します。イタリック体がない場合は、「oblique」が指定されたものとして処理されます。

・oblique
　斜体（元の書体をシンプルに斜めにしたフォント）で表示します。斜体がない場合は、標準のフォントを斜めに変換して表示します。

・normal
　イタリック体や斜体ではない標準のフォントで表示します。

082　**Chapter 5**　テキスト

font-weightと同様に、一般的なユーザーの環境において、日本語フォントにイタリック体や斜体が用意されていることは期待できません。そのため、日本語を斜体で表示させたい場合は、値として「italic」を指定します(そうすると、イタリック体があればそれを採用し、それがなければ斜体を採用し、それもなければ標準のフォントを斜めに変換して表示されます)。em要素やi要素のように最初から斜体で表示されるフォントを標準状態に戻したい場合は、「normal」を指定します。

フォント関連の値をまとめて指定する

fontプロパティ

実は、ここまでに説明してきたフォント関連のプロパティの値を、まとめて一度に指定できるプロパティがあります。それが**fontプロパティ**です。

今のところCSS3の仕様ではこれ以外の値も指定できることになっていますが、日本語環境ではあまり使用されないもの(現時点ではほとんど使用できないもの)も含まれているため、本書では以下の値に限って指定方法を説明します。

fontに指定できる値

・font-styleの値
  font-styleプロパティに指定できる値 (p.082) が指定できます。

・font-weightの値
  font-weightプロパティに指定できる値 (p.082) が指定できます。

・font-sizeの値　　※必須
  font-sizeプロパティに指定できる値 (p.077) が指定できます。

・line-heightの値
  line-heightプロパティに指定できる値 (p.078) が指定できます。

・font-familyの値　　※必須
  font-familyプロパティに指定できる値 (p.081) が指定できます。

値の指定順序について

line-heightの値を除き、各プロパティの値は半角スペースで区切って指定します。ただし、必要な値だけを任意の順序で指定できるわけではない点に注意してください。値は次のルールで指定します。

1. はじめに、必要に応じてfont-styleとfont-weightの値を指定します。順序はどちらが先でもかまいません。指定しなければ値はそれぞれnormalにリセットされます。
2. 次に、font-sizeの値を指定します。この値は省略できません。
3. 次に、必要に応じてline-heightの値を指定します。この値を指定する場合は、font-sizeの値と

のあいだを半角のスラッシュ(/)で区切ります。指定しなければ値はnormalにリセットされます。

4. 最後に、font-familyの値を指定します。この値は省略できません。

sample/0532/styles.css

```
01  h1 {
02    font: 24px serif;
03  }
04  p {
05    font: bold 13px/1.7 "メイリオ", "Meiryo", sans-serif;
06  }
```

fontプロパティの使用例

テキスト関連プロパティ

さて、続けてフォント以外のテキスト関連プロパティを紹介していきます。フォント関連プロパティは見た目の変化がちょっと地味でしたが、ここからは見た目もそれなりに変化します。

text-shadowプロパティ

はじめはChapter 2で使用した**text-shadowプロパティ**です。その名のとおり、テキストに影を表示させるプロパティです。

text-shadowに指定できる値

・**単位つきの実数**
　「影の表示位置」と「ぼかす範囲」は単位つきの実数で指定します。

・**色**
　色の書式に従って影の色を指定できます。

・**none**
　影を表示させません。この値は単独で指定します。

影の表示位置の指定方法

テキストに影を表示させる場合は、まず「単位つきの実数」で影の表示位置を指定します。影の表示位置は、元のテキストの位置を基準に、そこから右方向への移動距離、下方向への移動距離の順に半角スペースで区切って指定します。影を左方向、上方向に移動させたい場合は、それぞれマイナスの値を指定してください。さらに半角スペースで区切って、影をぼかす範囲（ぼかしの強さ）を指定することもできます。
影の色を指定する場合は、これらの数値全体の前か後ろに、半角スペースで区切って指定します。色を指定しなければ、影はcolorプロパティの色で表示されます。

084　**Chapter 5**　テキスト

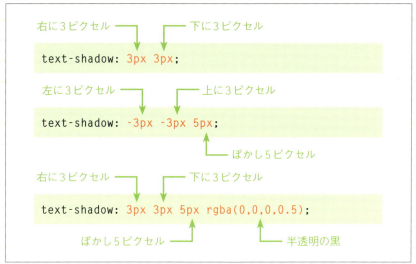

影のさまざまな指定方法の例

複数の影を指定する場合

また、影は1つだけでなく複数表示させることもできます。複数の影を表示させるには、通常の影の指定を<mark>カンマで区切って複数書くだけでOK</mark>です。その場合は、より前に（左側に）指定されている影の方が上に重なって表示されます。

HTML sample/0533/index.html

```
01  <h1>これはh1要素です。</h1>
02
03  <h2>これはh2要素です。</h2>
```

CSS sample/0533/styles.css

```
01  h1, h2 {
02    font-size: 40px;
03  }
04  h1 {
05    color: #fff;
06    background-image: url(images/leaf.jpg);
07    text-shadow: 3px 3px 5px rgba(0,0,0,0.5);
08  }
09  h2 {
10    color: #666;
11    background: #ccc;
12    text-shadow: -1px -1px 2px #000, 1px 1px 2px #fff;
13  }
```

text-shadowプロパティの使用例。h1要素の影には半透明の黒を指定。h2要素は、左上に黒い影、右下に白い影を表示させている

前ページのソースコード例を表示させたところ

text-alignプロパティ

次は、行揃えを指定する**text-align**プロパティです。

このプロパティは、ブロックレベル要素にしか指定できない点に注意してください（ブロックレベル要素に指定して、その内容であるインライン要素全体の行揃えを設定します）。次の値が指定できます。

text-alignに指定できる値

- left
    インライン要素は、左揃えで表示されます。

- right
    インライン要素は、右揃えで表示されます。

- center
    インライン要素は、中央揃えで表示されます。

HTML sample/0534/index.html

```
01  <h1>左揃え</h1>
02  <h2>中央揃え</h2>
03  <h3>右揃え</h3>
```

CSS sample/0534/styles.css

```
01  h1, h2, h3 {
02      font-size: 30px;
03  }
04  h1 { text-align: left; }
05  h2 { text-align: center; }
06  h3 { text-align: right; }
```

text-alignプロパティの使用例

086 Chapter 5 テキスト

前ページのソースコード例を表示させたところ

text-decorationプロパティ

次は、主にテキストに下線を表示させる際に使用する**text-decorationプロパティ**です。次の値が指定できます。リンクのようにはじめから下線が表示されているテキストの下線を消すには「none」を指定します。

text-decorationに指定できる値

- underline
  下線を表示させます。

- overline
  上線を表示させます。

- line-through
  取消線を表示させます。

- none
  テキストの線を消します。

```
HTML  sample/0535/index.html
01  <h1>下線</h1>
02  <h2>上線</h2>
03  <h3>取消線</h3>
```

```
CSS  sample/0535/styles.css
01  h1, h2, h3 {
02    font-size: 24px;
03    font-weight: normal;
04  }
05  h1 { text-decoration: underline; }
06  h2 { text-decoration: overline; }
07  h3 { text-decoration: line-through; }
```

text-decorationプロパティの使用例

左のソースコード例を表示させたところ

letter-spacingプロパティ

次は文字間隔を指定する **letter-spacing プロパティ** です。標準の文字間隔の状態から、どれだけ間隔を開くのかを指定します。マイナスの値を指定して文字間隔を狭くすることもできます。次の値が指定できます。

letter-spacingに指定できる値

- 単位つきの実数
    文字間隔を単位つきの実数で指定します。

- normal
    文字間隔を標準の状態にします。

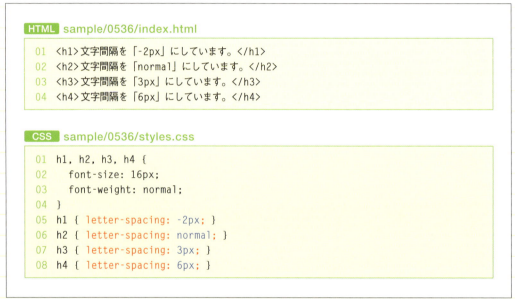

letter-spacingプロパティの使用例

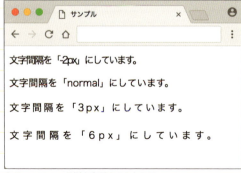

上のソースコード例を表示させたところ

text-indentプロパティ

次はブロックレベル要素の1行目のインデント(字下げ)の量を指定する **text-indent プロパティ** です。通常はp要素に適用しますが、それ以外のブロックレベル要素にも適用できます。初期値は0です。p要素に対して「1em」を指定すると、段落の先頭がほぼ1文字分あきます。次の値が指定できます。

text-indentに指定できる値

- 単位つきの実数
  インデントの量を単位つきの実数で指定します。

- パーセンテージ
  インデントの量を幅に対するパーセンテージで指定します。

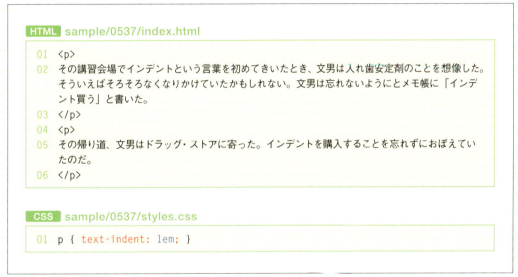

text-indentプロパティの使用例

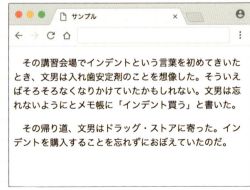

上のソースコード例を表示させたところ

text-transformプロパティ

次の**text-transformプロパティ**を使用すると、アルファベットを<u>大文字</u>で表示させたり、<u>小文字</u>で表示させたりすることができます。

もちろん、ソースコード上ですべて大文字で書けばそのまま大文字で表示されることになりますが、表示上大文字にするのか小文字にするのかといった制御に関しては、Webページの元データであるHTMLのソースコード自体を書き換えずに、<u>CSS側で対処する方がスマート</u>です。しかも、アルファベットをすべて大文字で入力してしまうと、音声で読み上げさせるときに正しく読み上げられなくなる可能性もあります（環境やその単語にもよりますが、すべて大文字にすると単語として発音されずに、1文字ずつアルファベットで読み上げられる場合もあります）。次の値が指定できます。

text-transformに指定できる値

- uppercase
  半角のアルファベットをすべて大文字で表示させます。

- lowercase
  半角のアルファベットをすべて小文字で表示させます。

- capitalize
  半角のアルファベットのうち、各単語の先頭の文字だけを大文字で表示させます。

- none
  テキストを元の状態のまま表示させます。

HTML sample/0538/index.html

```
01  <h1>This property transforms text.</h1>
02  <h2>This property transforms text.</h2>
03  <h3>This property transforms text.</h3>
04  <h4>This property transforms text.</h4>
```

CSS sample/0538/styles.css

```
01  h1, h2, h3, h4 {
02    font-size: 16px;
03    font-weight: normal;
04  }
05  h1 { text-transform: uppercase; }
06  h2 { text-transform: lowercase; }
07  h3 { text-transform: capitalize; }
08  h4 { text-transform: none; }
```

text-transformプロパティの使用例

090　**Chapter 5**　テキスト

上のソースコード例を表示させたところ

white-spaceプロパティ

通常、HTMLでは半角スペース・改行・タブは（連続していればそれらをまとめて）1つの半角スペースに変換して表示しますが、**white-space**プロパティを使用するとその表示方法を変更することができます。指定する値によって、それぞれ次のような表示となります。

white-spaceに指定できる値

- `normal`
  半角スペース・改行・タブは、（連続していればまとめて）半角スペースに変換して表示します。幅がいっぱいになると自動的に行を折り返します。

- `nowrap`
  半角スペース・改行・タブは、（連続していればまとめて）半角スペースに変換して表示します。自動的な行の折り返しはしません。

- `pre`
  半角スペース・改行・タブは、そのまま入力されている通りに表示します。自動的な行の折り返しはしません。

- `pre-wrap`
  半角スペース・改行・タブは、そのまま入力されている通りに表示します。幅がいっぱいになると自動的に行を折り返します。

- `pre-line`
  半角スペースとタブは、（連続していればまとめて）半角スペースに変換して表示します。改行については、そのまま入力されている通りに表示します。幅がいっぱいになると自動的に行を折り返します。

縦書き用プロパティ

writing-modeプロパティ

このChapterの最後に、テキストを縦書きで表示させることのできる**writing-mode**プロパティを紹介しておきましょう。

このプロパティは、用途が特殊な一部の例外を除くほとんどの要素に指定でき、その要素内のテキストを<u>横書き</u>(horizontal)にするか<u>縦書き</u>(vertical)にするかを設定します。縦書きには、右から左へ読み進めるものと、左から右へと読み進めるものとがありますので、その方向も含めた値が用意されています。指定できる値は次の通りです。

writing-modeに指定できる値

- `horizontal-tb`
  横書きにします。tbは上から下（top-to-bottom）の意味です。

- `vertical-rl`
  右から左へと進む縦書きにします。rlは右から左（right-to-left）の意味です。

- `vertical-lr`
  左から右へと進む縦書きにします。lrは左から右（left-to-right）の意味です。

writing-modeプロパティの使用例

左のソースコード例を表示させたところ

Chapter
6

CSSの適用先の
指定方法

ここまでのサンプルでは、CSSの適用先として要素名だけを指定して
きました。しかし、実際のWebページのレイアウトをおこなっていると、
同じ種類の要素であっても異なる表示指定をしなければならない場面が
頻繁に発生します。Chapter 6では、CSSのセレクタの指定方法につ
いてひととおりまとめて学習します。

Chapter 6-1

よく使う主要なセレクタ

Chapter 3-4で一度説明していますが、CSSをどの要素に対して適用するかを指定するのが「セレクタ」です。ここまでは「要素名」をセレクタに使用してきましたが、セレクタには他にもいろいろな種類があります。

タイプセレクタ

ここまでのサンプルで使用してきたように、「要素名」をそのまま使って指定するセレクタのことを**タイプセレクタ**と言います（要素のタイプ、つまり要素の種類で指定するセレクタという意味です）。

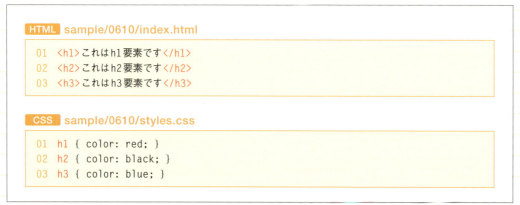

タイプセレクタの使用例

上のソースコード例を表示させたところ

ユニバーサルセレクタ

「要素名」の代わりに「*」を指定すると、すべての要素に適用されます。このセレクタは**ユニバーサルセレクタ**と呼ばれています。

ただし、「*」の直後にほかのセレクタが続く場合に限り、「*」を省略して書くことができます（次の「クラスセレクタ」のところで詳しく説明します）。

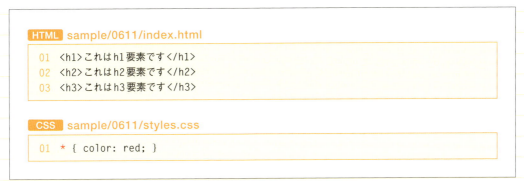

ユニバーサルセレクタの使用例

上のソースコード例を表示させたところ

クラスセレクタ

class属性に特定の値が指定されている要素を適用対象とすることができます。このセレクタを使用する場合、はじめに「要素の名前」または「*」を書きます。これは、適用対象を特定の要素に限定する場合は「要素の名前」を指定し、要素を特に限定しない場合は「*」を使用するということです。

あとは、その直後にピリオド(.)をつけ、さらに続けてclass属性の値を追加するだけでOKです。

このように「*」の直後に何かが続く場合には、「*」を省略することができます。たとえば、class属性の値として「sample」が指定されている要素を適用対象としたい場合には、次のように書くことができます。

```
p.sample {・・・}    ← class="sample" が指定されているp要素に適用
*.sample {・・・}    ← class="sample" が指定されているすべての要素に適用
.sample {・・・}     ← 「*」を省略した書き方
```

クラスセレクタの書き方のパターン

class属性の値は半角スペースで区切って複数指定できますが、この指定方法では指定された値が複数の値のうちのどれか1つと合致すればCSSが適用されることになります。

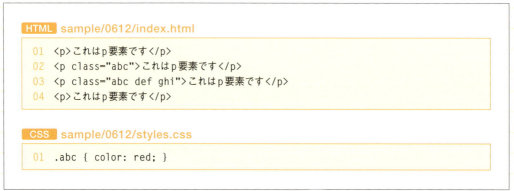

クラスセレクタの使用例

上のソースコード例を表示させたところ

IDセレクタ

クラスセレクタと同様に、id属性に特定の値が指定されている要素を適用対象とすることができます。書き方もクラスセレクタと同様ですが、**IDセレクタ**の場合は「.」ではなく「#」を使います。この場合も、「*」は省略可能です。

なお、id属性はclass属性とは異なり、半角スペースで区切って複数の値を指定することはできない点に注意してください。

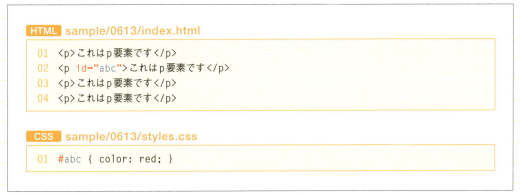

IDセレクタの書き方のパターン

```
HTML  sample/0613/index.html
01  <p>これはp要素です</p>
02  <p id="abc">これはp要素です</p>
03  <p>これはp要素です</p>
04  <p>これはp要素です</p>

CSS  sample/0613/styles.css
01  #abc { color: red; }
```

IDセレクタの使用例

上のソースコード例を表示させたところ

疑似クラス

疑似クラスとは、ある要素が特定の状態にあるときに限定して適用するセレクタです。たとえば、同じa要素でも「リンク先をまだ見ていない状態」と「リンク先をすでに見た状態」で異なる文字色を指定する場合などに使用します。「クラス」という名前がついてはいますが、class属性との関連はありません。

疑似クラスは全部で20種類以上ありますが、ここではその中でも使用頻度の高い、以下の4種類を紹介しておきます。

疑似クラス	適用対象
要素:link	リンク先をまだ見ていない状態のa要素
要素:visited	リンク先をすでに見た状態のa要素
要素:hover	カーソルが上にある状態の要素
要素:active	マウスのボタンなどが押されている状態の要素

主要な4つの疑似クラス

「:link」と「:visited」はリンク部分、つまりa要素だけを対象としますが、「:hover」と「:active」はa要素以外にも使用できます。なお、「:hover」はカーソルが表示されることを前提としたセレクタであるため、カーソルが表示されないスマートフォンやタブレット端末ではその指定が無効となってしまう点に注意してください。

上表の「要素」と書いてある部分には、クラスセレクタやIDセレクタのときと同じように「要素の名前」または「*」が指定でき、「*」は省略可能です。

疑似クラスの指定順序

これら4つの疑似クラスを同時に使用する際には、指定する順序に注意する必要があります。これらの疑似クラスの中には、同時にその状態になり得る（つまり表示指定が競合する）ものが含まれており、CSSではそのような場合はあとの指定だけが有効となってしまう（前の指定は後の指定で上書きされる）仕様になっているからです。

たとえば、「:link」と「:visited」が同時にその状態になることはありませんが、「:hover」と「:active」はほかの状態と同時になり得ます。もし、「:hover」や「:active」の表示指定のあとに「:link」や「:visited」の表示指定があると、「:hover」や「:active」の表示指定は常に「:link」や「:visited」の表示指定に上書きされて無効になってしまうということです。したがって、「:hover」と「:active」の表示指定は、「:link」と「:visited」の表示指定よりもあとに書かなければなりません。

また、「:active」のあとに「:hover」があると、「:active」の表示指定よりも「:hover」の表示指定が有効となってしまい、「:active」の表示指定は常に無効となってしまいます。そのため、まず最初に「:link」と「:visited」の指定を書き、そのあとにそれを上書きするように「:hover」と「:active」を順に指定する必要があるわけです。

これら4つの疑似クラスの指定は、常に次のサンプルと同じ順でおこなうものと覚えてください。

HTML sample/0614/index.html

```
01  <p>
02  ここはp要素の内容です。<a href="../0615/index.html">この部分はa要素です。</a>こ
    こはp要素の内容です。
03  </p>
```

CSS sample/0614/styles.css

```
01  a:link      { color: blue; }
02  a:visited   { color: purple; }
03  a:hover     { color: red; }
04  a:active    { color: yellow; }
```

疑似クラスの使用例

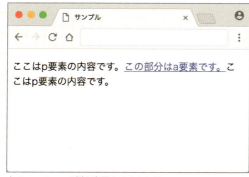

上のソースコード例を表示させたところ

結合子

セレクタをカンマ(,)で区切ることで、適用先を複数指定できることはすでに説明しました。それと同様に、セレクタを<u>半角スペース</u>で区切って複数並べると、「左側の適用対象」の中に含まれる「右側の適用対象」に表示指定が適用されます。半角スペースで区切るセレクタは2つに限らず、いくつでも区切って適用対象を絞り込むことができます。

たとえば「`h1 em`」と書くと、h1要素の中に含まれるem要素だけに適用されることになります(p要素内のem要素などには適用されません)。
同様に、「`body.top h1 em`」と書くと、「`class="top"`」が指定されているbody要素に含まれるh1要素にさらに含まれるem要素だけに適用されます。

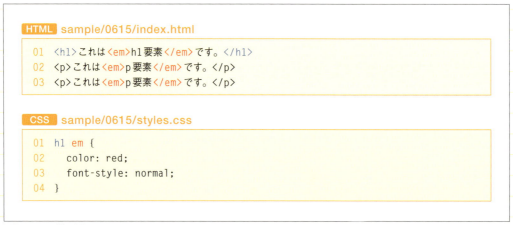

疑似クラスの使用例

上のソースコード例を表示させたところ

Chapter 6-2

その他のセレクタ

主要なセレクタはひととおり解説しましたので、ここでは残りのセレクタを一挙に紹介しておきます。これらのセレクタは、Internet Explorerのバージョン8以前といった極端に古いブラウザを除けば、現在のブラウザはほぼすべてに対応しています。

ここで紹介するセレクタは、ものによって使用頻度は大きく異なるものの、覚えておくととても便利に活用可能なものが多く含まれています。ここですべてを完璧に覚える必要はありませんが、「このような機能のセレクタがある」ということだけはしっかり覚えておきましょう。

属性セレクタ

属性セレクタは、特定の属性が指定されている要素、または特定の属性に特定の値が指定されている要素を適用対象とするためのセレクタで、次のものがあります。

属性セレクタ	適用対象
要素 [属性名]	「属性名」の属性が指定されている要素
要素 [属性名 =" 属性値 "]	「属性名」の属性に「属性値」の値が指定されている要素（値全体が一致）
要素 [属性名 ~=" 属性値 "]	「属性名」の属性に「属性値」の値が指定されている要素（値全体または半角スペース区切りの値のどれかと一致。「属性名」が「class」の場合はクラスセレクタと同じ）
要素 [属性名 |=" 属性値 "]	「属性名」の属性に「属性値」の値が指定されている要素（値全体またはハイフン区切りの値の前半が一致。言語コード「en-US」などに使用）
要素 [属性名 ^=" 属性値の始め "]	「属性名」の属性の値が「属性値の始め」で始まる要素
要素 [属性名 $=" 属性値の終り "]	「属性名」の属性の値が「属性値の終り」で終わる要素
要素 [属性名 *=" 属性値の一部 "]	「属性名」の属性の値が「属性値の一部」を含む要素

要素 [属性名~=" 属性値 "] という書式は、「属性名」が「class」の場合にはクラスセレクタとまったく同じ意味の指定となります。

chapter
6-2

101

その他の疑似クラス

すでに紹介したリンク関連の4種類以外の疑似クラスには、次のようなものがあります。

疑似クラス	適用対象
要素:nth-child(式)	先頭から○個目の要素から△個おきに適用
要素:nth-last-child(式)	最後から○個目の要素から△個おきに適用
要素:nth-of-type(式)	先頭から○個目の要素から△個おきに適用（同じ要素名の要素のみ対象）
要素:nth-last-of-type(式)	最後から○個目の要素から△個おきに適用（同じ要素名の要素のみ対象）
要素:first-child	最初の要素
要素:last-child	最後の要素
要素:first-of-type	最初の要素（同じ要素名の要素のみ対象）
要素:last-of-type	最後の要素（同じ要素名の要素のみ対象）
要素:only-child	兄弟要素がない一人っ子状態の要素
要素:only-of-type	兄弟要素がない一人っ子状態の要素（同じ要素名の要素のみ対象）
要素:focus	フォーカス（選択）された状態の要素
要素:checked	ラジオボタンやチェックボックスがチェックされた状態の要素
要素:disabled	「disabled」の状態の要素
要素:enabled	「disabled」の状態ではない要素
要素:root	ルート要素（html要素）
要素:empty	要素内容が空の要素
要素:target	URLの最後が「#○○○」となっているリンクをクリックした時の対象要素
要素:lang(言語コード)	「言語コード」の言語に設定されている要素
要素:not(セレクタ)	「セレクタ」の対象外のすべての要素

ここで、表の上から4つの疑似クラスにある「式」について説明しておきましょう。

この式は「○個目から△個おき」という情報を示すためのもので、基本的には「an+b」という形式の書式であらわします。この書式では、「n」は0から1ずつ増える整数としてそのまま使い、「a」と「b」の部分に具体的な整数を当てはめて使用します。「a」と「b」には負の整数や0も指定でき、「3n+0」なら「3n」、「1n+3」なら「n+3」、「0n+3」なら「3」のように書くこともできます。

たとえば、「:nth-child(2n+1)」のように指定すると、最初は「n」は0ですので「2×0＋1＝1」、次は「n」は1となって「2×1＋1＝3」、その次は「n」は2となって「2×2＋1＝5」、というように奇数個目（1個目から2個おき）の要素に適用されるようになります。

同様に、偶数個目に適用したい場合は「:nth-child(2n+0)」または単に「:nth-child(2n)」のように書くことができます。

102　**Chapter 6**　CSSの適用先の指定方法

また、「an」部分を省略して「b」だけを指定し、「:nth-child(3)」のように指定すると3個目、「:nth-child(5)」のように指定すると5個目の要素だけに適用することができます。

この書式の数値を変えることで「○個目から△個おき」の要素に自由に適用が可能となりますが、単純に「奇数個目」「偶数個目」をあらわす場合には、式を使わずに「odd」「even」というキーワードも指定できるようになっています。これらのセレクタは、表の色を1行置きに変えたい場合などに使用すると便利です。

疑似クラスの使用例

上のソースコード例を表示させたところ

疑似要素

疑似要素とは、簡単に言えばタグのつけられていない範囲（つまりHTMLの要素にはなっていない部分）に対してCSSを適用するためのセレクタです。たとえば、ある要素の1文字目だけにCSSを適用したり、HTML上では存在していないコンテンツを追加してその部分の表示指定をすることもできます。CSSでコンテンツを追加する方法については、Chapter 10で解説しますが、疑似要素に分類されるセレクタには次のものがあります。

疑似要素	適用対象
要素::first-line	ブロックレベル要素の1行目
要素::first-letter	ブロックレベル要素の1文字目
要素::before	要素内容の先頭にCSSで要素内容を追加
要素::after	要素内容の末尾にCSSで要素内容を追加

これらの疑似要素のうち、「::first-line」と「::first-letter」に関しては、適用できる要素がブロックレベル要素に限定されている点に注意してください。

実はCSS2.1までは、疑似要素も疑似クラスと同じく「:first-line」「:first-letter」と（コロン1つで）書くことになっていました。しかし疑似クラスと擬似要素を明確に区別できるようにする目的で、CSS3からは疑似要素にはコロンを2つ付けることになっています。現在のブラウザはCSS2.1にも対応していますので、どちらの書き方をしても表示上の問題は発生しません。

その他の結合子

複数のセレクタを半角スペースで区切って並べることで、「左側のセレクタの適用対象」の中に含まれる「右側のセレクタの適用対象」だけを適用対象とすることができました。この場合の半角スペースと同様に適用対象を絞り込むことのできる**結合子**には、次のものがあります。

結合子	適用対象
セレクタ1 > セレクタ2	「セレクタ1」の直接の子要素である「セレクタ2」の要素
セレクタ1 + セレクタ2	共通の親要素を持つ要素の中で「セレクタ1」の直後にあらわれる「セレクタ2」の要素
セレクタ1 ~ セレクタ2	共通の親要素を持つ要素の中で「セレクタ1」よりも後にあらわれる「セレクタ2」の要素

Chapter 6-3

セレクタの組み合わせ方

セレクタは単独で使うだけではなく、組み合わせて使うこともできます。組み合わせ方によってさまざまな指定が可能です。

セレクタの基本単位

セレクタの種類がひととおり分かったところで、次にそれらの組み合わせ方のルールについて説明します。はじめはセレクタの基本単位（最小構成）となる部分の組み合わせのルールからです。セレクタの基本単位は、疑似要素と結合子以外のセレクタで構成されます。

基本単位の先頭には、必ずタイプセレクタ（要素名）またはユニバーサルセレクタ（*）のいずれかを1つ配置する必要があります。もちろん、そのあとに何かが続く場合はユニバーサルセレクタを省略できます。あとはそれに続けてクラスセレクタ・IDセレクタ・疑似クラス・属性セレクタのうちの必要なものを必要な数だけ順不同で連結させたものがセレクタの基本単位となります。

基本単位の組み合わせ方

セレクタの基本単位は、結合子で区切っていくつでも指定できます。結合子の前後には、半角スペース・改行・タブを自由に入れることができます。疑似要素は、セレクタ全体の最後尾に1つだけ指定することができます。

Chapter 6-4

指定が競合した場合の優先順位

さて、実際の制作においてCSSによる長い表示指定をしていると、どこかですでに表示指定をしているにもかかわらず重複する指定をしてしまうことがあります。これは複数人によるチームでCSSを指定している場合や途中で担当者が変わった場合などによく起こります。そのようなとき、同じ適用先に対して異なる表示指定があると、どうなってしまうのでしょうか？実際には、CSSには競合した指定の優先順位を決めるためのルールがあり、それにはセレクタも大きく関係しています。ここでは、そのルールについて詳しく説明しておきます。

優先順位の決定方法

同じ適用対象に対して、複数個所で異なる表示指定がされた場合、CSSでは基本的に次のルールで優先される指定を決定し適用します。

1. !important のついている指定は最優先
2. 使用しているセレクタの種類から優先度を計算
3. 計算結果の優先度が同じなら後の指定を優先

まず、CSSの宣言（「プロパティ名： 値」の部分）の後ろに「!important」と書いておくと、その指定が最優先されます。たとえば、次の例の3つの中では、真ん中の指定が優先されることになります。

```
p { color: red; }
p { color: green !important; }  ←──── この指定が優先される
p { color: blue; }
```
「!important」がつけられている指定が優先して適用される

「!important」がつけられていなかったり、「!important」が複数個所につけられている場合は、その優先順位をセレクタの種類から導き出すことになります。これについては、次の「セレクタからの優先度の計算方法」で、その計算方法を詳しく説明します。

セレクタで計算しても結果的に優先順位が同じになってしまった場合は、より後からの指定の方が優先されることになります（つまり、優先順位が同じであれば、後からの指定が前からの指定を上書きするということです）。

> COLUMN

「!important」はユーザースタイルシートでも使用できる

Webページを制作する際にはそれほど気にする必要もないのですが、CSSはWebページの制作者だけでなく、ユーザーからも指定できるようになっています（多くのブラウザはユーザーが指定したCSSファイルを読み込めるようになっており、そのようなCSSファイルは<u>ユーザースタイルシート</u>と呼ばれています）。さらに、制作者が特にCSSを指定しなくても、ブラウザはHTMLをそれなりに内容が分かるように表示しますが、それはブラウザがデフォルトのCSS（または結果的にそのようになる仕組み）を持っているからです。つまり、CSSは「制作者」「ユーザー」「ブラウザ」という三者のあいだでも競合する可能性があるということです。その三者における優先順位は次のようになっています。

1. ユーザーのCSS（!importantつき）
2. 制作者のCSS（!importantつき）
3. 制作者のCSS
4. ユーザーのCSS
5. ブラウザのデフォルトCSS

実は「!important」はユーザーのCSSでも使用でき、ユーザースタイルシート内でそれを使った場合がもっとも優先度が高くなります。これはたとえば視覚障害のある人の「背景を暗く、文字色を明るくしないと見えにくい」といったニーズに応えることができるようにするためです。
「!important」を使わない場合は、制作者のCSSが最優先で適用されます。

> chapter
> 6-4

セレクタからの優先度の計算方法

続けて、セレクタから優先順位を計算する方法を説明しましょう。しかしその前に、CSSには<u>セレクタのない指定</u>があったことも思い出してください。それはstyle属性の値としてCSSの宣言部分だけを指定する場合です。実はこのセレクタのない指定が、セレクタによる優先順位としてはもっとも高くなります。

style属性による指定ではなく、セレクタが指定されている場合の<u>優先順位の計算方法</u>は次ページの図の通りです。簡単に言えば、セレクタを構成する各部分を種類別に分類して数を数え、それによって作られた3桁※の数字が大きい方が優先順位が高くなる、ということです。見ると分かるように、3桁目はIDセレクタ、2桁目はid属性以外の属性関連セレクタ、1桁目は要素関連セレクタとなっていて、IDセレクタを使うと優先度が高くなることが分かります。

※ この3桁の数字の各桁は、たとえ該当するセレクタが10個以上あった場合でも、決して繰り上がらないものとして考えることになっています（つまり、普通の10進数ではないということです）。したがって、2桁目に該当するクラスセレクタがたとえ100個あったとしても、IDセレクタが1つ入っているセレクタの方が優先度は高くなります。

107

セレクタから優先順位を計算する方法。この3桁の数字が大きいほど優先順位は高くなる

なお、この計算においては、ユニバーサルセレクタ(*)は無視されます。また、疑似クラスのうち「:not()」は、()内のセレクタはほかの部分と同じようにカウントされますが、「:not()」自身は疑似クラスとしてはカウントされません。

Chapter

7

ページ内の構造

「ページ全体の枠組み」とその内容となる「テキスト」についてはすでに学習しましたので、ここではページを構成する各部分の枠組み・領域を作るための要素とプロパティを紹介していきます。また、テキスト以外のコンテンツ（画像・動画・音声など）を埋め込むための要素についてもここで学習します。

Chapter 7-1

基本構造を示す要素

まず最初に、ページ内の基本的な構造をつくる要素として、章、節、項のような大きな枠組みの範囲をあらわす要素や、ヘッダー、フッターのような領域を示すための要素などを紹介します。

セクションについて

HTML5よりも前のHTML・XHTMLにおいては、見出しをあらわす要素（h1〜h6）は用意されていましたが、章・節・項のような範囲を明確に示すための要素やルールは用意されていませんでした。そのため、章や節などの範囲は、見出しの階層などから推測することしかできませんでした。

HTML5からは、章・節・項などの範囲（セクション）を示すための新しい要素とルールが導入されています。セクションの範囲を示す要素を使用すると、セクションの範囲が明確に分かるだけでなく、その親子関係（「章」の中に別セクションがあれば「節」と判断できるなど）も明確になります。また、必ずしもセクションのタグがつけられていなくてもセクションの範囲が分かるように、次のようなルールも導入されました。

見出しでセクションの範囲と階層を判断するためのルール

まず、セクションの先頭にある見出しは、そのセクションの見出しとなります。そして、次の見出しがあらわれたときに、見出しの階層が前の見出しと同じかそれより上であればその直前で前のセクションは終了し、新しい見出しとともに新しいセクションがはじまっているものと判断します。見出しの階層が前の見出しよりも下であった場合は、そこから（前のセクションに含まれる）サブセクションがはじまるものと判断します。

このようなルールの導入により、セクション関連要素を使っていなくても適切な階層の見出しを使用していればセクションの範囲と親子関係が分かり、逆にセクション関連要素を適切に使用していれば見出しの数字に関係なく章・節・項などの親子関係を明確に示すことができるようになりました。しかし、セクションの範囲にはセクションを示すタグを明示的につけ、見出しについてはそれぞれの階層に合わせた見出しを使うことが推奨されています。

セクションをあらわす要素

HTML5では、セクションの範囲を示す要素は全部で4種類ありますが、ここではそのうちの3つを紹介します(残りの1つはナビゲーションのセクションを示すための専用要素で詳しくは「Chapter 8 ナビゲーション」で解説します)。

要素名	意味
article	内容がそれだけで完結している記事のセクション
aside	本題から外れた内容のセクション
section	上の2種類のセクション以外の一般的なセクション

HTML5のセクションをあらわす要素

article要素は、内容がすべてそこに含まれており、それだけで完結しているセクションをあらわすための要素です。新聞や雑誌の記事のことを英語でarticleと言いますが、そのような記事(ブログの記事なども含む)や論文の全体をマークアップする際に使用します。

aside要素は、親要素の内容とは直接的には関係がなかったり横道にそれるような内容で、主コンテンツとは分離させた方がよさそうな(新聞であれば記事とは別に枠で囲って掲載するような内容の)各種セクションをあらわすための要素です。

具体的には、主記事に対する補足記事、プル・クォート(読者の興味を引くために本文の一部を抜粋して目立つように掲載した文章)、広告、ナビゲーションのグループなどに対して使用します。

section要素は、article要素やaside要素に該当しない一般的なセクションをあらわすための要素です。article要素はそれだけで完結している範囲に対して使用しましたが、全体の一部であるセクション(章や節など)をマークアップする際にはsection要素を使用してください。

基本構造を示すその他の要素

セクションの範囲をあらわすわけではありませんが、ページ内において基本構造を示す要素には、次のものがあります。

要素名	意味
main	メインコンテンツ
header	ヘッダー
footer	フッター
address	問い合わせ先

これらもHTML5の基本構造を示す要素ではあるが、その範囲はセクションにはならない

111

main要素

main要素は、そのページにおけるメインコンテンツの範囲を示すために使用される要素です。この要素は、たとえば視覚障害を持つユーザーがページの内容を音声で読み上げさせるときに、ページのヘッダー部分を読み飛ばして、すぐにメインコンテンツの内容を聞けるようにする、といった使い方も想定して用意された要素です。したがって、main要素の内容には、各ページで共通しているサイトのロゴやナビゲーション、検索フォーム、Copyrightの表記などは含めずに、そのページに特有の情報だけを入れるようにしてください。

main要素はこのような目的で使用される要素であるため、1つのページ内では基本的に1つしか配置できません。複数のmain要素を配置する必要がある場合は、1つを除いてすべてのmain要素にhidden属性（要素を非表示にするグローバル属性）を指定し、ユーザー側から見て存在しない状態にしなければなりません。

また、この要素はarticle要素・aside要素・nav要素・header 要素・footer要素の内部には配置できない点にも注意してください。

header要素

header要素は、いわゆるヘッダー的な部分の範囲を示すために使用される要素です。そのheader要素を含むもっとも近いmain要素またはセクション、もしくはページ全体のヘッダーとなります。

内容としてはサイトのロゴやナビゲーション、検索フォーム、導入文的なテキスト、見出し、目次などを入れることができます。この要素内にmain要素を入れることはできません。

footer要素

footer要素は、いわゆるフッター的な部分の範囲を示すために使用される要素です。header要素と同様に、そのfooter要素を含むもっとも近いmain要素またはセクション、もしくはページ全体のフッターとなります。内容としては一般に、執筆者の名前や前後のページへのリンク、Copyrightの表記などが入れられます。この要素内にmain要素を入れることはできません。

多くの場合、この要素は下部に配置されますが、必ずしもその必要はなく、ヘッダーと同様に上部に配置することもできます。また、索引や奥付、使用許諾、巻末資料などの場合は、セクションの内容全体がfooter要素となる場合があります。

address要素

address要素は、その内容が「問い合わせ先（連絡先）」であることを示す要素です。電話番号や住所、メールアドレスのほか、Twitterのアカウントなどを示す際にも使用できます。ただし、この要素内には見出しやセクション、header要素、footer要素、address要素を含めることはできません。

なお、この要素の名前はaddressですが、問い合わせ先ではない一般的な「住所」をマークアップするための要素ではない点に注意してください。単純に住所部分をマークアップするのであれば、p要素が適しています。

```
01  <footer>
02    <address>
03      フリーダイヤル　0120-△△△-△△△
04      <br>
05      [受付時間] 平日9:00〜17:00（土日祝・年末年始を除く）
06    </address>
07    <p>
08      <small>&copy; copyright 2018 Example.</small>
09    </p>
10  </footer>
```

footer要素とaddress要素の使用例

Chapter 7-2

画像・動画・音声関連要素

構造や枠組みをあらわす要素ではありませんが、ここで画像や動画、音声などのファイルを
Webページ内に組み込むための要素も紹介しておきます。

画像

img要素

はじめは、Webページに画像を組み込むための**img要素**からです。この要素は、要素内容のない空要素で、
表示させたい画像のURLをsrc属性で指定すると画像が表示されるようになります。さまざまな形式の画像
を表示させられますが、一般的にはPNG形式、JPEG形式、GIF形式、SVG形式が使用されています。

alt属性について

alt属性には、画像が正しくロードできなかった場合や、そもそも画像を表示することができない音声や点字
などの環境で利用する、画像の代わりのテキストを指定します。ここで指定するのは、あくまで“画像の代
わり”として使用するテキストであって、画像の説明をするためのテキストではない点に注意してください(つ
まり、画像が表示されない状態でそれがどんな画像なのかを説明するテキストではなく、画像の代わりとし
て機能するテキストを入れるということです)。たとえば、「検索」を意味する「虫眼鏡のアイコン画像」を
使用するのであれば、alt属性の値には「虫眼鏡」と指定するのではなく「検索」と指定してください。画像
に関する説明や補足情報などを含めたい場合には、グローバル属性のtitle属性を使用します。

HTML5よりも前のHTML/XHTMLでは、alt属性を指定することは必須でしたが、HTML5では特定の条件を
満たす場合に限って省略可能となっています。とはいえ、通常の使用においては指定することが「ほぼ必須」
の属性であると考えておいた方がよいでしょう。

img要素に指定できる属性

・src="画像のURL"　　※必須
　　表示させる画像のURLを指定します。

114　**Chapter 7**　ページ内の構造

- `alt="代替テキスト"`
  画像が表示できない場合に、その代わりとして使用するテキストを指定します。

- `width="幅"`
  画像の幅（実際の幅ではなく表示させる幅）をピクセル数（単位をつけない整数）で指定します。

- `height="高さ"`
  画像の高さ（実際の高さではなく表示させる高さ）をピクセル数（単位をつけない整数）で指定します。

sample/0720/index.html

```
01  <h1>
02  <img src="logo.png" alt="株式会社サンプルサイト" width="300" height="69">
03  </h1>
```

img要素の使用例

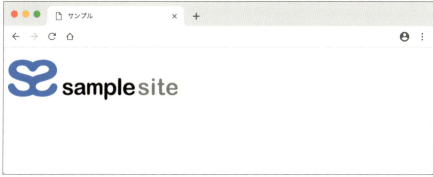

img要素の表示例

動画と音声

video要素とaudio要素

次に、動画を組み込む**video要素**と音声を組み込む**audio要素**について説明します（source要素についてはこのあとに解説します）。両者には共通する属性も多く、動画や音声のデータはsrc属性で指定します。img要素とは異なり、video要素とaudio要素には要素内容を入れることができます。

要素内容は、これらの要素に対応したブラウザでは表示されず、未対応の環境でのみ表示される仕様となっています。したがって、要素内容を用意するのであれば「未対応の環境を利用しているユーザー向けのメッセージ」や「動画・音声ファイルへのリンク」などを入れてください。

要素名	意味
video	動画を組み込む
audio	音声を組み込む
source	動画や音声の「ほかの形式のデータ」も指定する場合に使用する

動画と音声を組み込むための要素

video要素とaudio要素に指定できる属性の中には、「属性名="属性値"」の形式をとらず、「属性名」だけで指定できるものがあります。そのような属性のことを**論理属性**と言います。論理属性の値は論理値「true」または「false」のいずれかで、属性を指定すると「true」になり、指定しなければ「false」となります。

ちょっと難しい話になってきましたが、分かりやすく言えば「true」と「false」は「Yes」と「No」のようなもので、controls属性を指定すればコントローラーが表示され、loop属性を指定すればループ再生されるようになります。それらを指定しなければ、コントローラーは表示されず、ループ再生もされない状態となります。

論理属性は「controls」のように属性名だけで指定する形式のほかに、「controls="controls"」のように属性値に属性名をそのまま入れても有効ですし、「controls=""」のように値を空にして指定することもできます。

video要素に指定できる属性

・src="動画のURL"
　表示させる動画のURLを指定します。

・width="幅"
　動画の幅（実際の幅ではなく表示させる幅）をピクセル数（単位をつけない整数）で指定します。

・height="高さ"
　動画の高さ（実際の高さではなく表示させる高さ）をピクセル数（単位をつけない整数）で指定します。

・poster="画像のURL"
　動画が再生できるようになるまでの間に表示させておく画像のURLを指定します。

・controls
　動画の再生・ポーズ・ボリューム調整などをおこなうコントローラー部分を表示します。

・autoplay
　途中で止まらずに再生を続けられる程度のデータを読み込んだ段階で、自動的に再生を開始します。

・loop
　動画をループ再生します。

・muted
　音を消した状態で再生します。

audio要素に指定できる属性

- src="音声データのURL"
  音声データのURLを指定します。

- controls
  音声データの再生・ポーズ・ボリューム調整などをおこなうコントローラー部分を表示します。

- autoplay
  途中で止まらずに再生を続けられる程度のデータを読み込んだ段階で、自動的に再生を開始します。

- loop
  音声データをループ再生します。

- muted
  音を消した状態で再生します。

sample/0721/index.html

```
01  <video src="butterfly.mp4" controls width="640" height="360"></video>
```
video要素の使用例

video要素の表示例

source要素

video要素またはaudio要素のsrc属性を使用してデータを指定する場合は、1つのデータしか指定できません。予備としてほかの形式のデータも指定しておきたい場合には、video要素またはaudio要素のsrc属性を使用せずに、要素内容として**source要素**を組み込んでデータを指定します。source要素はいくつでも指定でき、より先に指定されているデータで再生可能なものが再生されます。source要素は要素内容のない空要素で、video要素またはaudio要素内のその他のコンテンツよりも前に配置する必要があります。

source要素に指定できる属性

- src="データのURL"　※必須
  再生するデータのURLを指定します。

- type="MIMEタイプ"
  再生するデータのMIMEタイプを指定します。

sample/0722/index.html

```
01  <video controls>
02    <source src="bear.mp4" type="video/mp4">
03    <source src="bear.ogv" type="video/ogg">
04    <p>HTML5に対応したブラウザでは動画が再生できます。</p>
05  </video>
```
source要素の使用例

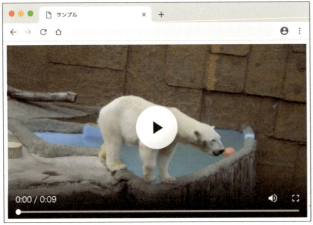

source要素の表示例

Chapter 7-3

ボックス関連プロパティ

ここから話はCSSへと切り替わって、多くのプロパティが登場します。とはいえ、CSSのプロパティの名前や指定方法には共通するパターンがあり、それさえ分かってしまえば覚えるのも難しくありません。ここで解説するプロパティはどれも表示指定の基礎となる重要なものばかりですので、しっかりと覚えてください。

ボックスとは？

ここまでの解説やサンプルでは、たとえば背景の指定をする場合でも、それが表示される領域の範囲や境界については具体的に触れませんでした。ここではまず、各要素に確保される表示領域とその境界線、余白について説明し、そのあとでそれらを調整するために大量に用意されたプロパティ[※]を紹介していきます。

ボックスの構造

HTMLのそれぞれの要素には、**ボックス**と呼ばれる四角い表示領域が用意されます（改行をおこなうためのbr要素のような一部の例外を除く）。すべてのボックスは共通して、図のような構造になっています。

ボックスの構造

※ ここで紹介するボックス関連のプロパティは、全部で50近くあります。とはいっても、たとえば余白でも上用・下用・左用・右用・上下左右の一括指定用というように同じ機能で細かく分れているために数が多くなっているだけですので安心してください。

119

まず、ボックスには要素内容（テキストなど）を表示するための領域が用意されます。図ではもっとも内側の点線で示された部分です。そして、そのまわりには<u>**ボーダー**</u>と呼ばれる境界線を表示させることができるのですが、その内側と外側の両方に余白をとることができます。ボーダーの内側の余白は<u>**パディング**</u>と言い、外側の余白は<u>**マージン**</u>と言います。これらの境界線と余白は、上下左右別々にその幅を指定することができます。実は、CSSで指定した背景が表示されるのは、この<u>ボーダー</u>の領域までで、マージン部分は常に透明となります。ボーダーは常に背景の上に表示されるため、ボーダーの領域に背景が表示されるのはボーダーを透明や半透明にしたときや、点線のように線の間に隙間がある線種に設定した場合などに限られます。

ボックスの初期状態

なお、各種要素のボックスの初期状態は、<u>要素の種類やブラウザの種類によって異なります</u>。たとえば、一般的なブラウザでは、p要素には最初から一行ぶん程度の上下のマージンが設定されていますが、div要素のマージンはまったく無い状態となっています。このように要素やブラウザの種類によってボックスの初期状態が違っているのは、Chapter 6で説明した「<u>ブラウザのデフォルトCSS</u>」（p.107参照）というものがあるからです※。

マージン

<u>**マージン**</u>を設定するプロパティには、<u>上下左右をそれぞれ個別に設定するもの</u>と、<u>上下左右を一括して設定するもの</u>があります。
このあとに紹介するパディング用のプロパティなども、同様のパターンのものが用意されています。

プロパティ名	設定対象	指定できる値の数
margin-top	上のマージン	1
margin-bottom	下のマージン	1
margin-left	左のマージン	1
margin-right	右のマージン	1
margin	上下左右のマージン	1〜4

マージンを設定するプロパティ

各プロパティに指定できる値は次の通りです。たとえば、「margin-top: 50px;」と指定すると上のマージンが50ピクセルになります。マージンを「auto」にすると、ボックスの他の領域のサイズなどからマージンが自動的に割り出されます。ボックスの幅を固定して左右のマージンを「auto」にすると、左右のマージンは同じ距離になり、結果としてボックスはセンタリングされます。

※ このようなブラウザの種類による初期状態の違いをなくす目的で用意されたCSSのことを「リセットCSS」と呼び、多くのサイトで導入されています。

マージン関連のプロパティに指定できる値

・単位つきの実数
　　マージンを単位つきの実数（30pxなど）で指定します。

・パーセンテージ
　　この要素を含んでいるブロックレベル要素の幅（要素内容を表示する領域の幅）に対するパーセンテージで指定します（25%のように、実数の直後に半角の「%」をつけて指定します）。上下のマージンについても、幅に対するパーセンテージとなります。

・auto
　　マージンをボックスの状況から自動的に設定します。

marginプロパティの指定方法

上下左右のマージンを一括して指定するmargin プロパティだけは、値を半角スペースで区切ることで最大4つまで指定できます。指定した値の数とそれらの値がどのマージンに適用されるのかは、以下の表のようになっています。

値を1つだけ指定した場合はそれが上下左右に適用され、値を4つ指定するとそれが上から時計回りに右・下・左と適用されます。このあとに登場するパディングなどの上下左右を一括で指定するプロパティも同じパターンになっていますので、値の数と適用される上下左右の関係はしっかりと覚えてください。

値の数	各値の適用場所	指定例
1	上下左右	margin: 10px;
2	上下　左右	margin: 10px 20px;
3	上　左右　下	margin: 10px 20px 30px;
4	上　右　下　左	margin: 10px 20px 30px 40px;

上下左右を一度に設定できるプロパティの値の指定パターン

マージンが隣接している場合の注意

また、マージンに関しては、特に覚えておいて欲しいルールがあります。それは、ボックスの上または下のマージンが他のボックスの上または下のマージンと接している場合、それらは重なり合うということです。

たとえば、上下のマージンが10ピクセルずつに設定されているp要素が2つ連続してある場合、2つのp要素のあいだのマージンは、20ピクセルではなく10ピクセルとなります（10ピクセル+10ピクセルではなく、10ピクセルと10ピクセルが重なり合って計10ピクセルとなります）。

10ピクセルと20ピクセルのマージンが重なり合った場合は、20ピクセルとなります。つまり、隣接するマージンは、その中で最大のものだけが有効になるということです。

このルールは、単純に隣り合う要素だけでなく、ある要素とその中に含まれる要素であっても、マージンが隣接している場合には適用されます（下図のボックスCとボックスD参照）。ただし、このようになるのは上下のマージンだけで、左右のマージンに関しては重なり合うことはありません。

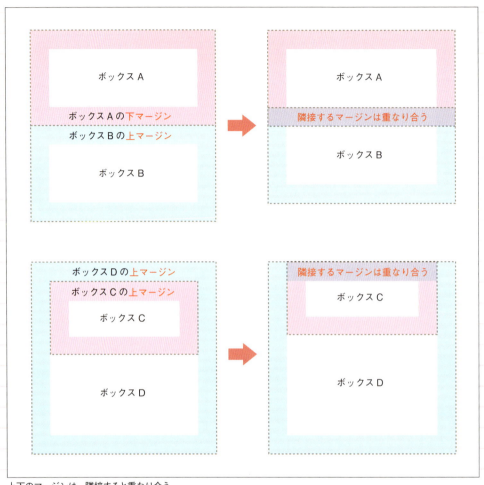

上下のマージンは、隣接すると重なり合う

パディング

パディングもマージンと同様に上下左右をそれぞれ個別に設定するプロパティと、上下左右を一括して設定するプロパティが用意されています。

プロパティ名	設定対象	指定できる値の数
padding-top	上のパディング	1
padding-bottom	下のパディング	1
padding-left	左のパディング	1
padding-right	右のパディング	1
padding	上下左右のパディング	1〜4

パディングを設定するプロパティ

指定できる値もマージンと同様ですが、パディングの場合は「auto」は指定できません。

パディング関連のプロパティに指定できる値

・単位つきの実数
　　パディングを単位つきの実数（30pxなど）で指定します。

・パーセンテージ
　　この要素を含んでいるブロックレベル要素の幅に対するパーセンテージで指定します。上下のパディングについても、幅に対するパーセンテージとなります。

上下左右のパディングを一括して指定するpaddingプロパティも、marginプロパティと同様のパターンで値を4つまで指定できます。パディングに関しては、マージンのように隣り合うものが重なり合うことはありません。

chapter
7-3

123

ボーダー

ボーダーを設定するプロパティは、基本的なもの（CSS2.1で定義されているもの）だけで20種類あります。まずは、どんなプロパティが用意されているのかをざっと見てください。

プロパティ名	設定対象	指定できる値の数
border-top-style	上のボーダーの線種	1
border-bottom-style	下のボーダーの線種	1
border-left-style	左のボーダーの線種	1
border-right-style	右のボーダーの線種	1
border-style	上下左右のボーダーの線種	1〜4
border-top-width	上のボーダーの太さ	1
border-bottom-width	下のボーダーの太さ	1
border-left-width	左のボーダーの太さ	1
border-right-width	右のボーダーの太さ	1
border-width	上下左右のボーダーの太さ	1〜4
border-top-color	上のボーダーの色	1
border-bottom-color	下のボーダーの色	1
border-left-color	左のボーダーの色	1
border-right-color	右のボーダーの色	1
border-color	上下左右のボーダーの色	1〜4
border-top	上のボーダーの線種と太さと色	線種／太さ／色
border-bottom	下のボーダーの線種と太さと色	線種／太さ／色
border-left	左のボーダーの線種と太さと色	線種／太さ／色
border-right	右のボーダーの線種と太さと色	線種／太さ／色
border	上下左右のボーダーの線種と太さと色	線種／太さ／色

ボーダーを設定するプロパティ。「線種／太さ／色」は半角スペースで区切って順不同で必要な値のみ指定できるが、それらのセットをさらに1〜4個指定することはできない

ボーダーもマージンやパディングと同様に上下左右に個別に設定するものと一括で設定するものが用意されています。しかし、ボーダーの場合は上下左右それぞれに「線種」と「太さ」と「色」が指定できるため、プロパティの種類が多くなっています。マージンやパディングと同様に値を1〜4個指定して上下左右に適用できるタイプのほかに、上下左右を別々に指定できないけれども「線種」と「太さ」と「色」を一度に指定できるプロパティも用意されています（**border**プロパティは、上下左右に対して同じ線種・太さ・色を設定します）。このタイプのプロパティは必要な値だけを半角スペースで区切って指定できますが、指定しなかった値は初期値にリセットされる点に注意してください。つまり線種・太さ・色のいずれかを省略した場合、その値は現状を維持するのではなく初期値に戻されることになります。

「線種」「太さ」「色」に対して指定できる値は次の通りです。

ボーダーの線種として指定できる値

- none
  ボーダーを表示しません。この値を指定するとボーダーの太さも0になります。表 (table要素) のボーダーの線種が競合した場合は、ほかの値が優先されます。

- hidden
  ボーダーを表示しません。この値を指定するとボーダーの太さも0になります。表 (table要素) のボーダーの線種が競合した場合は、この値が最優先されます。

- solid
  ボーダーの線種を実線にします。

- double
  ボーダーの線種を二重線にします。

- dotted
  ボーダーの線種を点線にします。

- dashed
  ボーダーの線種を破線にします。

- groove
  ボーダーの線自体が溝になっているようなボーダーにします。

- ridge
  ボーダーの線自体が盛り上がっているようなボーダーにします。

- inset
  ボーダーの内側の領域全体が低く見えるようなボーダーにします。

- outset
  ボーダーの内側の領域全体が高く見えるようなボーダーにします。

chapter
7-3

ボーダーの太さとして指定できる値

- 単位つきの実数
  ボーダーの太さを単位つきの実数 (5pxなど) で指定します。

- thin, medium, thick
  「細い」「中くらい」「太い」 という意味のキーワードで指定できます (実際に表示される太さはブラウザによって異なります)。

ボーダーの色として指定できる値

- 色
  色の書式に従って任意のボーダーの色を指定します。

- transparent
  ボーダーの色を透明にします。

125

ボーダーの線種の初期値に注意

ボーダーを指定するときに注意することは、ボーダーの線種の初期値が「none」になっている点です。線種が「none」であるということは、ボーダーが表示されないだけでなく太さも0になります。つまり、線種として「none」以外の値を指定するまでは、いくら太さや色を指定してもボーダーは表示されないのです。

ボーダーの表示例

以下は、ボーダーの指定例と表示例です。おなじ線種と色を指定していても、ブラウザの種類によって表示結果が微妙に異なるということも覚えておきましょう。

HTML sample/0730/index.html

```
01 <p id="sample1">none</p>
02 <p id="sample2">solid</p>
03 <p id="sample3">double</p>
04 <p id="sample4">dotted</p>
05 <p id="sample5">dashed</p>
06 <p id="sample6">groove</p>
07 <p id="sample7">ridge</p>
08 <p id="sample8">inset</p>
09 <p id="sample9">outset</p>
```

CSS sample/0730/styles.css

```
01 p {
02   margin: 20px;
03   border: solid 7px red;
04   padding: 10px;
05   text-align: center;
06   font-weight: bold;
07 }
08 #sample1 { border-style: none; }
09 #sample2 { border-style: solid; }
10 #sample3 { border-style: double; }
11 #sample4 { border-style: dotted; }
12 #sample5 { border-style: dashed; }
13 #sample6 { border-style: groove; }
14 #sample7 { border-style: ridge; }
15 #sample8 { border-style: inset; }
16 #sample9 { border-style: outset; }
```

ボーダー関連プロパティの使用例

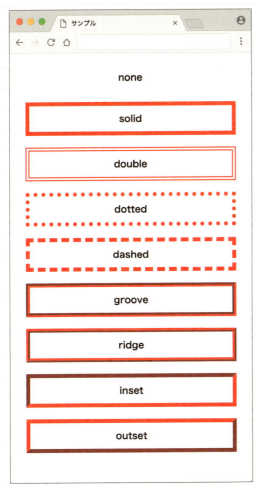
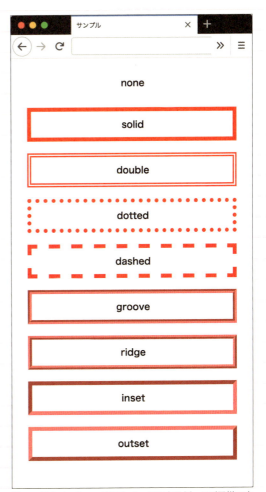

前ページのソースコードのGoogle Chromeでの表示例

前ページのソースコードのFirefoxでの表示例。ほぼ同様の表示にはなるが、実線以外では細部で違いが見られる

127

幅と高さ

次は、ボックスの「要素内容を表示する領域」の幅と高さを設定するプロパティです。widthとheightは大きさを固定的に指定するときに使うプロパティで、それらの前に「min-」または「max-」がついたプロパティは、最小値また最大値を設定して幅や高さを制限する場合に使用します。それぞれ次のような値が指定できます。

プロパティ名	設定対象	指定できる値の数
width	幅	1
height	高さ	1
min-width	最小の幅	1
max-width	最大の幅	1
min-height	最小の高さ	1
max-height	最大の高さ	1

幅と高さを設定するプロパティ

widthに指定できる値

- **単位つきの実数**
  幅を単位つきの実数で指定します。

- **パーセンテージ**
  この要素を含んでいるブロックレベル要素の幅（widthプロパティの値）に対するパーセンテージで指定します。

- **auto**
  幅をボックスの状況から自動設定します。

heightに指定できる値

- **単位つきの実数**
  高さを単位つきの実数で指定します。

- **パーセンテージ**
  この要素を含んでいるブロックレベル要素の高さ（heightプロパティの値）に対するパーセンテージで指定します。この要素を含んでいるブロックレベル要素の高さが特に指定されていない場合は、高さは「auto」となります。

- **auto**
  高さをボックスの状況から自動設定します。

min-widthに指定できる値

・単位つきの実数
　最小の幅を単位つきの実数で指定します。

・パーセンテージ
　この要素を含んでいるブロックレベル要素の幅（widthプロパティの値）に対するパーセンテージで指定します。

max-widthに指定できる値

・none
　幅の制限をしません。

・単位つきの実数
　最大の幅を単位つきの実数で指定します。

・パーセンテージ
　この要素を含んでいるブロックレベル要素の幅（widthプロパティの値）に対するパーセンテージで指定します。

min-heightに指定できる値

・単位つきの実数
　最小の高さを単位つきの実数で指定します。

・パーセンテージ
　この要素を含んでいるブロックレベル要素の高さ（heightプロパティの値）に対するパーセンテージで指定します。この要素を含んでいるブロックレベル要素の高さが特に指定されていない場合、値は「0」となります。

max-heightに指定できる値

・none
　高さの制限をしません。

・単位つきの実数
　最大の高さを単位つきの実数で指定します。

・パーセンテージ
　この要素を含んでいるブロックレベル要素の高さ（heightプロパティの値）に対するパーセンテージで指定します。この要素を含んでいるブロックレベル要素の高さが特に指定されていない場合、値は「none」となります。

パーセンテージで高さを指定する場合の注意

ここで紹介しているプロパティは、単純に大きさを設定もしくは制限するだけで、使用方法が特に難しいというものではありません。ただし、パーセンテージで高さを指定する際には注意が必要です。親要素に高さが指定されていない場合には、パーセンテージではなく「auto」を指定したことになってしまう仕様だからです。

たとえば、以下の例ではdiv要素の高さとして「100%」を指定していますが、表示結果を見ると高さは100%にはなっていません。

div要素の高さとして「100%」を指定している例

上のソースコードのブラウザでの表示結果

これは、div要素を含んでいるbody要素の高さが指定されていないことが原因です。そのため、heightプロパティの値として「100%」を指定しているにもかかわらず、結果として値は「auto」となっているのです。しかし、body要素の高さを指定するだけでは、まだ足りません。body要素を含んでいるhtml要素の高さが指定されていないからです（html要素を含む要素はありませんのでこれ以上は考える必要はありません）。

結果として、以下のような指定を追加して、body要素とhtml要素の両方に「height: 100%;」の指定が適用されるようにすると、div要素の高さが100%になります。

HTML sample/0732/index.html

```
01  <div>div要素</div>
```

CSS sample/0732/styles.css

```
01  html, body {
02      margin: 0;
03      padding: 0;
04      height: 100%;          ← この指定も追加
05  }
06  div {
07      height: 100%;
08      background-color: #ff66ff;
09  }
```

body要素とhtml要素にも「height: 100%;」を指定する

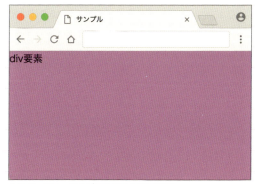

上のソースコードのブラウザでの表示結果

COLUMN

widthとheightの発音

これらはよく使うプロパティであるにもかかわらず、会話の中で取り上げるときに何と言えば良いのか迷うプロパティでもあります。まず、「height」は英語の発音ではハイトと読みます。「width」の方はちょっとやっかいで、英語の発音では「dth」の部分に母音が含まれていないため、日本人には「dth」はまとまって「ズ」のように聞こえ、結果として「width」は「ウィズ」のように聞こえます。しかし、日本語の会話の中で「ウィズ」と言っても、「width」を連想する人は多くはありません。現時点でもっとも確実に伝わるのは、あえて「width」だけは日本語にして「幅」ということのようです。

角を丸くする

ボックスの角を丸くするプロパティには次のものが用意されており、以下に示した値が指定できます。指定する値は、角を1/4の円にみたてたときの半径です。

プロパティ名	設定対象	指定できる値の数
border-top-left-radius	左上の角丸	1
border-top-right-radius	右上の角丸	1
border-bottom-right-radius	右下の角丸	1
border-bottom-left-radius	左下の角丸	1
border-radius	上下左右の角丸	1〜4

ボックスの角を丸くするプロパティ

角丸を設定するプロパティに指定できる値

- 単位つきの実数
  角の半径を単位つきの実数で指定します。

- パーセンテージ
  角の半径をボーダー領域までの大きさに対するパーセンテージで指定します。

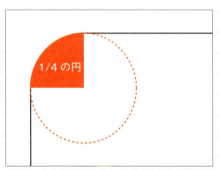

値には、角を1/4の円とみたてたときの半径を指定する

4つの角を一括して指定できるborder-radiusプロパティには、次のように値を4つまで指定できます。値の数と適用される角の関係は次のようになっています。

値の数	各値の適用場所	指定例
1	4つの角すべて	border-radius: 10px;
2	左上と右下　右上と左下	border-radius: 10px 20px;
3	左上　右上と左下　右下	border-radius: 10px 20px 30px;
4	左上　右上　右下　左下	border-radius: 10px 20px 30px 40px;

border-radiusプロパティの値の指定パターン

HTML sample/0733/index.html

```
01  <p>角を丸くしています</p>
```

CSS sample/0733/styles.css

```
01  p {
02      padding: 3em;
03      color: white;
04      background-color: silver;
05      border-radius: 10px;
06  }
```

border-radiusプロパティの指定例

border-radiusを指定したボックスの表示例

Chapter 7-4

背景を指定する（2）

Chapter 4で背景関連のプロパティを一部紹介しましたが、背景に関連するプロパティはそれ以外にもまだまだたくさんあります。実は、背景に関する指定はボックスの各表示領域とも密接に関わりあっているため、ボックスに関する説明をしていない段階では正確な仕様を伝えることが難しいプロパティが多かったのです。というわけで、ここではボックスの構造をふまえた上で、背景関連の残りのプロパティを紹介していきます。

背景画像の表示位置を指定する

background-positionプロパティを使用すると、背景画像の表示位置を指定することができます。background-repeatプロパティの値が「no-repeat」の場合（背景画像を1つだけ表示させる場合）は背景画像がその位置に表示されますが、背景画像を繰り返して表示させる場合にはその位置を基点として縦または横に繰り返されることになります。

指定できる値は次の通りです。

background-positionに指定できる値

・**単位つきの実数**
　　表示位置を単位つきの実数で指定します。

・**パーセンテージ**
　　表示位置をパーセンテージで指定します。

・**top, bottom, left, right, center**
　　表示位置をキーワードで指定します。topは縦方向の「0%」、bottomは「100%」と同じです。同様に、leftは横方向の「0%」、rightは「100%」と同じです。centerは縦方向または横方向の「50%」と同じです。

表示位置は、横方向・縦方向の順に半角スペースで区切って2つ指定します（ただし、値をキーワードのみで指定するのであれば順番は逆でもかまいません）。値を1つしか指定しなかった場合は、もう一方に「center」が指定されたものとして処理されます。

134　**Chapter 7**　ページ内の構造

表示位置の原点

表示位置の原点は、パディング領域の左上です。パディング領域の左上に背景画像の左上がぴったり重なった状態が「0px 0px」「0% 0%」「left top」です。逆に、パディング領域の右下に背景画像の右下がぴったり重なった状態は「100% 100%」「right bottom」となります。背景画像がパディング領域の中央にある状態は「50% 50%」「center center」です。

値を「単位つきの実数」で指定した場合、横方向はパディング領域の左から背景画像の左までの距離、縦方向はパディング領域の上から背景画像の上までの距離となります。値を「パーセンテージ」で指定した場合は、横方向・縦方向ともにパディング領域のその%のポイントと背景画像のその%のポイントを重ねた状態となる位置に表示されます。値を数値で指定する場合には、マイナスの値も指定できます。

背景画像の表示例

ではここで、背景画像をページ全体の中央に表示させる例を紹介しておきましょう。ソースコードは次の通りです。

```html
... 
<body>

</body>
</html>
```

```css
html, body {
    margin: 0;
}
body {
    background-image: url(images/cloud.jpg);
    background-repeat: no-repeat;
    background-position: center;
}
```

背景画像をページ全体の中央に表示させる例

背景画像として指定している画像「cloud.jpg」

しかし、実際にこのソースコードをブラウザで表示させてみると、表示結果は次ページのようになります。

135

背景画像は横方向の中央には配置されているのですが、縦方向は中央どころかマイナスの数値を指定したような状態となっています。なぜこのような表示結果となってしまったのでしょうか？
background-positionプロパティの値には「center」だけを指定していますので、もう一方も「center」になり、「center center」を指定した場合と同じ表示結果になるはずです。

実は、この背景画像はまったく指定通りに表示されていると言えます。背景画像は指定通りに、body要素の縦横の中央にしっかりと表示されているのです。では、何がおかしいのでしょうか？

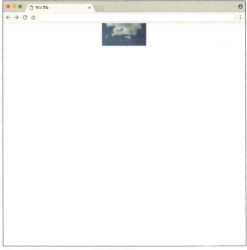

前ページのソースコードの表示例

実はbody要素の内容が空なので、body要素の高さが0となっているのです。高さが0のボックスの中央に合わせて表示されているので、上のような表示結果となったわけです。

したがって、body要素の高さを「100%」にすればいいのですが、高さをパーセンテージで指定する場合には、それを含む要素にも高さを指定する必要があります。結果として、次の指定を追加することで、背景画像はページの中央に表示されるようになります。

```
HTML  sample/0740/index.html
01  ・・・
02  <body>
03
04  </body>
05  </html>
```

```
CSS  sample/0740/styles.css
01  html, body {
02    margin: 0;
03    height: 100%;     ← この指定を追加
04  }
05  body {
06    background-image: url(images/cloud.jpg);
07    background-repeat: no-repeat;
08    background-position: center;
09  }
```

先程のCSSのソースコードに、body要素とhtml要素の高さの指定も追加

背景画像がページの中央に表示されるようになった

背景画像をウィンドウに固定する

長いページをスクロールすると、通常はコンテンツと一緒に背景画像もスクロールします。background-attachmentプロパティの値として「fixed」を指定すると、背景画像はウィンドウ上に固定され、スクロールしても動かなくなります。

background-attachmentに指定できる値

- scroll
  背景画像は他のコンテンツと一緒にスクロールします。

- fixed
  背景画像をウィンドウ上に固定して、スクロールしても動かないようにします。

なお、background-attachmentプロパティの値として「fixed」を指定すると、background-positionプロパティでの配置の指定対象となる領域が「パディング領域」ではなく「ウィンドウの表示領域(見えている領域)全体」となりますので注意してください。

背景画像を固定した例

以下は、背景画像を繰り返しなしで右下に配置して、background-attachmentプロパティの値を「fixed」にした例です。スクロールさせても背景画像の位置は変わりません。

HTML sample/0741/index.html

```
01  <p>
02  ウィンドウを小さくして、画面をスクロールしてみてください。
03  </p>
04  <p>
    テキストは移動しますが、右下のシーサーは固定されたまま動きません。
05  </p>
06
07  ・・・以下、同じテキストの繰り返し・・・
```

CSS sample/0741/styles.css

```
01  body {
02      margin: 50px 200px 0 50px;
03      background-image: url(images/shiisa.png);
04      background-repeat: no-repeat;
05      background-position: right bottom;
06      background-attachment: fixed;
07  }
```

background-attachmentプロパティの指定例

上のソースコードの表示例。スクロールさせても背景画像の位置は変わらない

COLUMN

数値が0のときは単位を省略できる

さて、すでにお気付きの方もいらっしゃるかもしれませんが、先程のサンプルのmarginプロパティの値の中に、単位のついていない値が混じっていました。

```
01  body {
02    margin: 50px 200px 0 50px;
03    ・・・
04  }
```

実は、値が「単位つきの実数」であっても、その値が0である場合には単位は省略できることになっている
のです。今後のサンプルでも、値が0の場合には基本的に単位を省略しますので、覚えておいてください。

背景画像の表示サイズを変更する

background-sizeは背景画像の表示サイズを指定するプロパティです。次の値が指定できます。

background-sizeに指定できる値

・単位つきの実数
　背景画像の幅または高さを単位つきの実数で指定します。

・パーセンテージ
　背景画像の幅または高さをパディング領域に対するパーセンテージで指定します。

・auto
　幅と高さの両方が「auto」の場合は、元のサイズで表示します。幅または高さの一方にこの値を指定
　すると、背景画像の縦横の比率を保ったままもう一方に合わせたサイズになります。

・cover
　縦横の比率を保ったまま、背景画像1つで表示領域全体を覆う最小サイズにします。

・contain
　縦横の比率を保ったまま、背景画像の全体が表示される最大サイズにします。

「cover」と「contain」は単独で指定しますが、それ以外の値については半角スペースで区切って幅・高さ
の順に指定します。2つめの値を省略すると、高さに「auto」を指定した状態となります。

HTML sample/0742/index.html

```
01  ・・・
02  <body>
03
04  </body>
05  </html>
```

CSS sample/0742/styles.css

```css
html, body { height: 100%; }
body {
  margin: 0;
  background-image: url(images/green.jpg);
  background-position: center;
  background-size: cover;
}
```

「cover」の指定例

表示させている背景画像「green.jpg」

ウィンドウのサイズをいろいろと変更してみても、常に1つの背景画像で全体を覆っている

```
HTML  sample/0743/index.html
01  ・・・
02  <body>
03
04  </body>
05  </html>
```

```
CSS   sample/0743/styles.css
01  html, body { height: 100%; }
02  body {
03    margin: 0;
04    background-image: url(images/uni.jpg);
05    background-position: center;
06    background-repeat: no-repeat;
07    background-size: contain;
08  }
```

値「contain」の指定例

表示させている背景画像「uni.jpg」

ウィンドウのサイズをいろいろと変更してみても、常に背景画像の全体が表示されている

複数の背景画像を指定する

CSS2.1の仕様では1つのボックスに対して1つの背景画像しか指定できませんでしたが、CSS3からは1つのボックスにいくつでも背景画像が指定できるようになっています。**複数の背景画像**を指定する方法は簡単で、単純に値をカンマで区切って複数指定するだけです。より前に（左側）に指定している背景画像ほど上に重なって表示されます。

それに合わせて、各背景画像の表示位置や繰り返しなども別々に指定できるようにするために、背景関連のその他のプロパティも同様にカンマで区切って複数の値を指定できるようになっています（複数指定されていない場合は、指定されている値が繰り返し適用されます）。次のサンプルでは、body要素に3つの背景画像を指定しています。

HTML sample/0744/index.html
```
...
<body>

</body>
</html>
```

CSS sample/0744/styles.css
```
html, body { height: 100%; }
body {
  margin: 0;
  background-image: url(images/wall.png), url(images/plane.png), url(images/sky.jpg);
  background-position: bottom, 50% 10%, center;
  background-repeat: no-repeat;
  background-size: 100% auto, auto, cover;
}
```

複数の背景画像を指定する例。背景関連のプロパティには、カンマで区切れば複数の値が指定できる

表示させている背景画像「wall.png」

表示させている背景画像「plane.png」

表示させている背景画像「sky.jpg」

各背景画像の表示位置や表示サイズを変えてあるので、ウィンドウの大きさを変えると背景もこのように変化する

背景関連プロパティの一括指定

フォント関連のプロパティの値をまとめて指定できるfontプロパティのように、背景関連のプロパティの値をまとめて一度に指定できるプロパティがあります。それが**background プロパティ**です（実はChapter 2で背景色を指定したのはこのプロパティでした）。本書で紹介した次のプロパティの値はすべて指定できます。

backgroundに指定できる値

- ・background-colorの値
  background-colorに指定できる値（p.052）が指定できます。

- ・background-imageの値
  background-imageに指定できる値（p.055）が指定できます。

- ・background-repeatの値
  background-repeatに指定できる値（p.057）が指定できます。

- ・background-positionの値
  background-positionに指定できる値（p.134）が指定できます。

- ・background-attachmentの値
  background-attachmentに指定できる値（p.137）が指定できます。

- ・background-sizeの値
  background-sizeに指定できる値（p.139）が指定できます。

基本的には、必要な値を順不同で半角スペースで区切って指定するだけでOKです。ただし、ここで指定していない値については、現状を維持するのではなく初期値にリセットされますので注意してください。

```
HTML  sample/0745/index.html
01  ・・・
02  <body>
03
04  </body>
05  </html>
```

```
CSS  sample/0745/styles.css
01  html, body { height: 100%; }
02  body {
03    margin: 0;
04    background: white url(images/cloud.jpg) no-repeat center;
05  }
```

backgroundプロパティには背景関連のプロパティの値を順不同でまとめて指定できる

144 **Chapter 7** ページ内の構造

backgroundの値を指定する際の注意事項

ただし、background-positionとbackground-sizeにはどちらも「単位つきの実数」と「パーセンテージ」が指定できるため、それらを区別できるようにしておかねければなりません。そのため、これらを指定する際には、次のようなルールがあります。

まず、「単位つきの実数」または「パーセンテージ」が1つだけ指定されている場合はbackground-positionの値だと解釈されます。そして、background-sizeの値を指定する際は、はじめにbackground-positionの値を書き、その値のあとに半角のスラッシュ(/)で区切ってbackground-sizeの値を書きます。fontプロパティの行の高さの値を指定するときに、font-sizeの値とのあいだをスラッシュで区切った方法と同じです。

なお、backgroundプロパティも複数の背景画像に対応しています。他の背景関連のプロパティと同様に、カンマで区切って指定できます。ただし、その場合でもbackground-colorの値は1つしか有効にできませんので、必ず一番最後(一番右側)の値として含めるようにしてください。

HTML sample/0746/index.html

```
01  ・・・
02  <body>
03
04  </body>
05  </html>
```

CSS sample/0746/styles.css

```
01  html, body { height: 100%; }
02  body {
03    margin: 0;
04    background: url(images/wall.png) no-repeat bottom / 100% auto,
    url(images/plane.png) no-repeat 50% 10% / auto, url(images/sky.jpg) no-
    repeat center / cover #00bfff;
05  }
```

backgroundプロパティに複数の背景画像を指定した例

chapter
7-4

Chapter 7-5

配置方法を指定するプロパティ

このChapterの最後に、長期にわたって CSS での配置やレイアウトの要として利用され続けてきたフロートの機能と、CSS2.1 時代から備わっていた配置関連のその他のプロパティについて説明しておきます。

フロートの基本

フロートとは、**float プロパティ**によって、ある要素を左または右に寄せて配置し、その反対側に後続の要素が回り込むようにした状態のことを言います。float プロパティはインライン要素を含むほとんどの要素に指定でき、フロートの状態になるとインライン要素であってもそのボックスはブロックレベルのボックスになります。指定できる値は次の通りです。

float に指定できる値

- left
  左側に要素を寄せて配置し、その右側に後続の要素を回り込ませます。

- right
  右側に要素を寄せて配置し、その左側に後続の要素を回り込ませます。

- none
  フロートしていない通常の状態にします。

このプロパティのごく基本的な使い方として、画像の横にテキストを回り込ませる例を示します。

HTML sample/0750/index.html

```
01  <p id="p1">
02  <img src="images/photo.jpg" alt="サンプル画像">
    1つめの段落のテキストです。このテキストが画像の横に回り込みます。このテキストが画像の横
    に回り込みます。
03  </p>
04
05  <p id="p2">
06  2つめの段落のテキストです。このテキストが画像の横に回り込みます。このテキストが画像の横
    に回り込みます。
```

146　**Chapter 7**　ページ内の構造

```
07    </p>
08
09    <p id="p3">
10    <img src="images/photo.jpg" alt="サンプル画像">
11    ３つめの段落のテキストです。このテキストが画像の横に回り込みます。このテキストが画像の横
      に回り込みます。
12    </p>
13
14    <p id="p4">
15    ４つめの段落のテキストです。このテキストが画像の横に回り込みます。このテキストが画像の横
      に回り込みます。
16    </p>
```

CSS　sample/0750/styles.css

```
01    #p1 img { float: right; }
02    #p3 img { float: left; }
```

１つめのimg要素を右、２つめのimg要素を左にフロートさせている例

画像はそれぞれ右と左に寄せて配置され、その横にテキストが回り込んでいる

フロートの解除

しかし、ウィンドウの幅を少し広くしてみると、下の図のように最初の2つの段落の行数が減り、2つめの画像の位置が右の写真の下部を越えてどんどん上にあがってきてしまいます。

ウィンドウの幅を広くすると、下の画像がどんどん上にあがってくる

状況によってはこれでも問題ないかもしれませんが、2つめの画像と3段落目のテキストは常に1つめの画像よりも下に表示させたい場合もあるでしょう。そのような場合に使用するのが、指定した要素の直前でフロートを解除する**clearプロパティ**です。次の値が指定できます。

clearに指定できる値

- `left`
  この要素よりも前で「float: left;」が指定されているフロートを、この要素の直前で解除します。

- `right`
  この要素よりも前で「float: right;」が指定されているフロートを、この要素の直前で解除します。

- `both`
  この要素よりも前で指定されている左右両側のフロートを、この要素の直前で解除します。

- `none`
  フロートに解除せずにそのままにします。

clearプロパティは、ブロックレベル要素にしか指定できない点に注意してください。
次のサンプルは、先程のサンプルの3段落目にclearプロパティを指定して右側のフロートを解除している例です。

HTML sample/0751/index.html

```
01  <p id="p1">
02  <img src="images/photo.jpg" alt="サンプル画像">
    1つめの段落のテキストです。このテキストが画像の横に回り込みます。このテキストが画像の横
    に回り込みます。
03  </p>
04
05  <p id="p2">
06  2つめの段落のテキストです。このテキストが画像の横に回り込みます。このテキストが画像の横
    に回り込みます。
07  </p>
08
09  <p id="p3">
10  <img src="images/photo.jpg" alt="サンプル画像">
11  3つめの段落のテキストです。このテキストが画像の横に回り込みます。このテキストが画像の横
    に回り込みます。
12  </p>
13
14  <p id="p4">
15  4つめの段落のテキストです。このテキストが画像の横に回り込みます。このテキストが画像の横
    に回り込みます。
16  </p>
```

CSS sample/0751/styles.css

```
01  #p1 img { float: right; }
02  #p3 img { float: left; }
03  #p3 { clear: right; }
```

3つめのp要素にclearプロパティを指定

3つめのp要素の直前でフロートが解除され、3段落目のテキストと左の画像は右の画像の下から表示されている。このサンプルの場合は値にrightではなくbothを指定しても同じ表示になる

フロートによる2段組みレイアウト

CSSで段組みレイアウト(マルチカラムレイアウト)を実現するにはいくつかの方法があります。CSS3で新しく導入された「フレキシブルボックスレイアウト」と「グリッドレイアウト」についてはChapter 11で解説しますが、ここではまず長期にわたって利用され続けてきた「フロートによる段組みレイアウト」の手法について説明しておきます。

段にする範囲をグループ化する

フロートで段組みをする方法にも色々あるのですが、ここではまずシンプルで広く利用されている方法を紹介します。簡単に言えば、各段にする範囲をmain要素やdiv要素などでグループ化し、それらを左右いずれかにフロートさせるだけです。このとき、通常はすべての段とそれらを含む要素にも幅を指定します。
それでは簡単な2段組みの例から見てみましょう。次のソースコードとブラウザでの表示を見てください。これはまだ、フロートを指定する前の段階です。

Chapter 7　ページ内の構造

```css
#page {
    margin: 0 auto;
    width: 300px;
}

header, footer {
    text-align: center;
    color: #fff;
    background: #bbb;       /* グレー */
}

main {
    color: #fff;
    background: #fc0;       /* 黄色 */
}

#sub {
    color: #fff;
    background: #390;       /* 緑 */
}
```

2段組み前の状態のソースコード

上のソースコードを表示させたところ

コンテンツ全体は、「id="page"」が指定されたdiv要素でグループ化されています。そして、CSSでその幅を300ピクセルにし、左右のマージンを「auto」にすることでコンテンツ全体をセンタリングしています（「margin: 0 auto;」は上下のマージンを0、左右のマージンをautoにする指定です）。それ以外には、サンプルが見やすくなるようにヘッダーとフッターのテキストを中央揃えにして、各要素の背景色を指定しているだけです。これから2段組みにするのは、main要素と「id="sub"」が指定されているdiv要素の部分です。これらの要素は、各段の内容をグループ化している要素だと考えてください。

floatプロパティを指定する

ではさっそくこれらの段にfloat**プロパティ**を指定します。2つの段は幅の合計が300ピクセルになるように、幅は200ピクセルと100ピクセルにします。次の指定を追加してください。

HTML

```
01  ...
02
03  main {
04      float: right;         ──┐
05      width: 200px;         ──┤── 追加
06      color: #fff;
07      background: #fc0;     /* 黄色 */
08  }
09
10  #sub {
11      float: left;          ──┐
12      width: 100px;         ──┤── 追加
13      color: #fff;
14      background: #390;     /* 緑 */
15  }
```

source要素の使用例

この段階での表示。2段組みになった

ここではメインの段を右、サブの段を左に配置しましたが、もちろん左右を逆にしてもかまいませんし、このサンプルの場合は両方の段に「float: right;」を指定しても表示結果は同じになります（最後にフロートする段は余った場所に収まるしかないため、左右どちらを指定しても同じ場所に収まります）。ようするに、各段が自分が思った側に寄せられるように左右を指定してやればよいわけです。

重要なことは、**すべての段にfloatプロパティを指定する**ということです。もし、フロートの状態になっていない段が1つでもあると、フロートしていない段のコンテンツは長さが短い段の下に入り込んでしまうことになります。

152　Chapter 7　ページ内の構造

段にしないところの段組みを解除する

ところで、前ページのスクリーンショットを見ると、フッターがサブの段の下に入り込んでしまっています。これはフッターの前でフロートをクリアしていないことが原因です。次のようにフッターに**clear プロパティ**を指定すると2段組みの完成です。

```
HTML sample/0753/index.html
01 <div id="page">
02
03 <header>
04 header要素
05 </header>
06
07 <main>
08 メインの段のテキストです。
09 メインの段のテキストです。
10 メインの段のテキストです。
11 メインの段のテキストです。
12 メインの段のテキストです。
13 メインの段のテキストです。
14 </main>
15
16 <div id="sub">
17 サブの段のテキストです。
18 サブの段のテキストです。
19 サブの段のテキストです。
20 </div>
21
22 <footer>
23 footer要素
24 </footer>
25
26 </div>
```

```
CSS sample/0753/styles.css
01 #page {
02   margin: 0 auto;
03   width: 300px;
04 }
05
06 header, footer {
07   text-align: center;
08   color: #fff;
09   background: #bbb;      /* グレー */
10 }
11
```

153

```
12  main {
13      float: right;
14      width: 200px;
15      color: #fff;
16      background: #fc0;     /* 黄色 */
17  }
18
19  #sub {
20      float: left;
21      width: 100px;
22      color: #fff;
23      background: #390;     /* 緑 */
24  }
25
26  footer {
27      clear: both;
28  }
```

26〜28 追加

footer要素にclearプロパティの指定を追加

フッターの直前でフロートがクリアされた

フロートによる3段組みレイアウト(1)

では、まったく同じ要領で**3段組み**を作ってみましょう。サブをもう1つ増やして、2段組みのときとまったく同じ要領で指定すると簡単に3段組みが実現できます。

HTML sample/0754/index.html

```
01  <div id="page">
02
03    <header>
```

```
04    header要素
05    </header>
06
07    <main>
08    メインの段のテキストです。
09    メインの段のテキストです。
10    メインの段のテキストです。
11    メインの段のテキストです。
12    メインの段のテキストです。
13    メインの段のテキストです。
14    メインの段のテキストです。
15    </main>
16
17    <div id="sub1">
18    サブ1の段のテキストです。
19    サブ1の段のテキストです。
20    サブ1の段のテキストです。
21    </div>
22
23    <div id="sub2">
24    サブ2の段のテキストです。
25    サブ2の段のテキストです。
26    サブ2の段のテキストです。
27    </div>
28
29    <footer>
30    footer要素
31    </footer>
32
33    </div>
```

CSS sample/0754/styles.css

```
01    #page {
02      margin: 0 auto;
03      width: 400px;
04    }
05
06    header, footer {
07      text-align: center;
08      color: #fff;
09      background: #bbb;
10    }
11
12    main {
13      float: right;
14      width: 200px;
15      color: #888;
16      background: #eee;   /* 薄いグレー */
17    }
```

```
 18
 19  #sub1 {
 20      float: left;
 21      width: 100px;
 22      color: #fff;
 23      background: #390;   /* 緑 */
 24  }
 25
 26  #sub2 {
 27      float: left;
 28      width: 100px;
 29      color: #fff;
 30      background: #fc0;   /* 黄色 */
 31  }
 32
 33  footer {
 34      clear: both;
 35  }
```

2段組みのときと同じ要領で3段組みを作成したソースコード

3段組みになった

しかしここで、場合によっては問題が1つ発生します。このような指定方法では、HTML内で最初の段になっているメインを3つの段の中央に配置できないのです。最初にフロートを指定すると、その段はもっとも左またはもっとも右に配置されてしまうからです（同じ側にフロートを指定した場合、先に指定したものほど外側になり、あとから指定したものほど内側になります）。これはもちろんHTML上で順番を変更すれば可能ですが、HTML側では段の順序を変えたくない場合はどうすればいいのでしょうか。

次にそれを実現する3段組みの方法を紹介します。

フロートによる3段組みレイアウト(2)

2段組みの中に2段組みをつくる

メインを3つの段の中央に配置するには、次のようにメインとそのとなりの段をdiv要素(下の例では#contents)でグループ化し、2段組みの一方の段の中がさらに2段組みになっているような状態にします。こうすることで、基本はすべて2段組みとなり、グループ化する段とフロートの方向次第でどの段をどの場所にでも配置できるようになります。

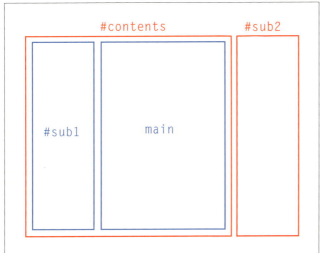

2つの段をグループ化することで、まず#contentsと#sub2の2段組み(赤で示した部分)があって、#contentsの中に#sub1とmainの2段組み(青で示した部分)がある、というようにすべて2段組みにして扱えるようになる

では具体的なソースコードを見てみましょう。HTML側にはグループ化のための `<div id="contents"></div>` が追加されているだけです。CSS側ではそのdiv要素にfloatプロパティとwidthプロパティを指定しています。

HTML sample/0755/index.html

```
01  <div id="page">
02
03    <header>
04    header要素
05    </header>
06
07    <div id="contents">
08
09      <main>
10      メインの段のテキストです。
11      メインの段のテキストです。
```

```
12  メインの段のテキストです。
13  メインの段のテキストです。
14  メインの段のテキストです。
15  メインの段のテキストです。
16  メインの段のテキストです。
17  </main>
18
19  <div id="sub1">
20  サブ1の段のテキストです。
21  サブ1の段のテキストです。
22  サブ1の段のテキストです。
23  </div>
24
25  </div>
26
27  <div id="sub2">
28  サブ2の段のテキストです。
29  サブ2の段のテキストです。
30  サブ2の段のテキストです。
31  </div>
32
33  <footer>
34  footer要素
35  </footer>
36
37  </div>
```

CSS sample/0755/styles.css

```
01  #page {
02    margin: 0 auto;
03    width: 400px;
04  }
05
06  header, footer {
07    text-align: center;
08    color: #fff;
09    background: #bbb;
10  }
11
12  main {
13    float: right;
14    width: 200px;
15    color: #888;
16    background: #eee;   /* 薄いグレー */
17  }
18
19  #sub1 {
20    float: left;
21    width: 100px;
```

158 **Chapter 7** ページ内の構造

```
22    color: #fff;
23    background: #390;   /* 緑 */
24  }
25
26  #contents {
27    float: left;
28    width: 300px;
29  }
30
31  #sub2 {
32    float: right;
33    width: 100px;
34    color: #fff;
35    background: #fc0;   /* 黄色 */
36  }
37
38  footer {
39    clear: both;
40  }
```

メインを3つの段の中央に配置するソースコード。3つの段のうち2つをグループ化している部分がポイント

上のソースコードを表示させると、メインの段が中央に表示される

段の高さを揃える

これでメインを中央に配置することはできましたが、スクリーンショットを見ると各段の高さが揃っていない点が気になります。しかし、フロートさせたコンテンツの高さを揃えることは、簡単には（これまでに学習してきた範囲の機能では）できません。そこで、このような場合には各段の背景を透明にし、コンテンツ全体をグループ化している要素にすべての段の分の背景を含んだ背景画像を表示させて、あたかも高さが揃っているように見せる方法がとられます。

これまでの例で言うと、main、#sub1、#sub2の背景を消して、その代わりに#pageに次のような背景画像を表示させるということです。こうすることで、実際には高さはバラバラでも、高さが揃っているように見せることができます。

#pageに指定する背景画像。3つの段の色が入っている

HTML sample/0756/index.html

```
01  <div id="page">
02
03  <header>
04  header要素
05  </header>
06
07  <div id="contents">
08
09  <main>
10  メインの段のテキストです。
11  メインの段のテキストです。
12  メインの段のテキストです。
13  メインの段のテキストです。
14  メインの段のテキストです。
15  メインの段のテキストです。
16  メインの段のテキストです。
17  </main>
18
19  <div id="sub1">
20  サブ1の段のテキストです。
21  サブ1の段のテキストです。
22  サブ1の段のテキストです。
23  </div>
24
25  </div>
26
27  <div id="sub2">
28  サブ2の段のテキストです。
29  サブ2の段のテキストです。
30  サブ2の段のテキストです。
31  </div>
32
33  <footer>
34  footer要素
35  </footer>
36
37  </div>
```

CSS sample/0756/styles.css

```css
01  #page {
02    margin: 0 auto;
03    width: 400px;
04    background: url(images/background.gif);        ←──── 追加
05  }
06
07  header, footer {
08    text-align: center;
09    color: #fff;
10    background: #bbb;
11  }
12
13  main {
14    float: right;
15    width: 200px;
16    color: #888;           ←──── 背景の指定を削除
17  }
18
19  #sub1 {
20    float: left;
21    width: 100px;
22    color: #fff;           ←──── 背景の指定を削除
23  }
24
25  #contents {
26    float: left;
27    width: 300px;
28  }
29
30  #sub2 {
31    float: right;
32    width: 100px;
33    color: #fff;           ←──── 背景の指定を削除
34  }
35
36  footer {
37    clear: both;
38  }
```

#pageに背景画像を表示させ、main、#sub1、#sub2の背景を消す

前ページのソースコードを表示させたところ。高さが揃ったように見えている

相対配置と絶対配置

positionプロパティを使用すると、通常の配置方法とは異なる「相対配置」または「絶対配置」のモードに変更することができます。

「相対配置」は通常表示される位置から指定した距離だけ位置をずらす配置方法で、「絶対配置」は指定された要素を新しいレイヤーに移動させた上でbackground-positionプロパティのように表示位置を指定できる配置方法です。

いずれの配置モードでも、表示位置はtop、bottom、left、rightという4つのプロパティのうちのいずれかを使用して指定します。まずはこれらに指定できる値を確認してから、それぞれのサンプルで具体的にどう表示されるのかを確認してみましょう。

positionに指定できる値

- `static`
    通常の配置モードにします。`top`、`bottom`、`left`、`right`の各プロパティは、このモードでは無効となります。

- `relative`
    相対配置モードにします。このモードで配置位置を移動させても、他の要素の配置位置には一切影響を与えません。

- `absolute`
    絶対配置モードにします。この値が指定された要素は、元のレイヤーから取り除かれた状態となり、別の新しいレイヤーに配置されます。

- `fixed`
    固定配置モードにします。固定配置は絶対配置の一種ですが、位置指定の基準がbackground-attachmentプロパティと同様にページ全体となり、スクロールしても動かなくなります。

top, bottom, left, rightに指定できる値

- 単位つきの実数
  表示位置を単位つきの実数で指定します。

- パーセンテージ
  表示位置を基準となるボックスに対するパーセンテージで指定します。

- `auto`
  状態に応じて自動的に調整します。

相対配置と絶対配置の表示例

では、これから相対配置と絶対配置をさせるサンプルの元の状態を見てみましょう。この段階ではまだCSSは指定していません。div要素の中にimg要素を3つ入れてあるだけです。ちなみに、ページ全体の上と左にある隙間は、body要素のマージン（ブラウザの初期設定）です。画像と画像の間に隙間があるのは、HTMLのソースコード上で入れてある改行が半角スペースに置き換わったもので、改行を入れなければ画像の隙間はなくなります。

HTML sample/0757/index.html

```
01  <div>
02  <img id="pic1" alt="空の画像" src="images/sky.jpg">
03  <img id="pic2" alt="花の画像" src="images/yellow.jpg">
04  <img id="pic3" alt="草の画像" src="images/green.jpg">
05  </div>
```

相対配置と絶対配置の違いを確認するために用意されたソースコード

上のソースコードを表示させたところ。3つの画像が表示されている

相対配置の例

では、3つの画像のうちの真ん中の画像を相対配置にしてみましょう。positionプロパティの値に「relative」※を指定し、topプロパティとleftプロパティで100pxを指定します（各画像の大きさは縦横200ピクセルです）。

HTML sample/0758/index.html
```
01  <div>
02  <img id="pic1" alt="空の画像" src="images/sky.jpg">
03  <img id="pic2" alt="花の画像" src="images/yellow.jpg">
04  <img id="pic3" alt="草の画像" src="images/green.jpg">
05  </div>
```

CSS sample/0758/styles.css
```
01  #pic2 {
02      position: relative;
03      top: 100px;
04      left: 100px;
05  }
```

相対配置にして、topを100ピクセル、leftを100ピクセルに指定

このCSSを適用してブラウザで表示させてみると次のようになります。まず、相対配置を指定していない要素には、まったく影響を与えていない点に注目してください。そして、真ん中の画像は100ピクセル下、100ピクセル右に移動しています。これが相対配置です。相対配置の場合、topは上から下方向への移動距離、leftは左から右方向への移動距離となるわけです。同様に、bottomは下から上方向への移動距離、rightは右から左方向への移動距離となります。

相対配置の表示結果

※ 「relative」の英語での発音は「レラティブ」です（「リレイティブ」ではありません）。

絶対配置の例

次は絶対配置です。topプロパティとleftプロパティはそのままにして、positionプロパティの値だけを「absolute」に変更して、表示がどう変わるのかを確認してみましょう。

```html
HTML sample/0759/index.html
01 <div>
02 <img id="pic1" alt="空の画像" src="images/sky.jpg">
03 <img id="pic2" alt="花の画像" src="images/yellow.jpg">
04 <img id="pic3" alt="草の画像" src="images/green.jpg">
05 </div>
```

```css
CSS sample/0759/styles.css
01 #pic2 {
02   position: absolute;    ← relativeからabsoluteに変更
03   top: 100px;
04   left: 100px;
05 }
```

さきほどのソースを絶対配置に変更

ブラウザで表示させてみると、絶対配置を指定していない要素にも影響があったことが分かります。絶対配置にした要素は別レイヤーに移されたため、元のレイヤーからは取り除かれた状態となり、後続の要素の表示位置が変わっているのです。さらに、絶対配置を指定した要素の配置位置も、相対配置のときとは違っています。絶対配置を指定した要素は、それを含む基準ボックスからの移動距離で配置位置を指定するものだからです。この場合の基準ボックスはページ全体（html要素）で、topはその基準ボックスの上から絶対配置を指定したボックスの上までの距離、leftは基準ボックスの左から絶対配置を指定したボックスの左までの距離となります。同様に、bottomは下からの距離、rightは右からの距離となります。なお、さらに詳細に言うと基準ボックスのパディング領域の各上下左右から、絶対配置されたボックスのマージン領域の上下左右までの距離となります。

絶対配置の表示結果

絶対配置の基準ボックスは、自分を含むボックスのうち、positionプロパティの値として「relative」「absolute」「fixed」のいずれかが指定されている、もっとも近い要素がなります。そのような要素がない場合は、html要素が基準ボックスとなります。特定の要素を基準ボックスにしたい場合は、その要素に「position: relative;」を指定するだけで基準ボックスにすることができます（その場合はtopやleftなどの指定は不要です）。

相対配置または絶対配置（固定配置も含む）になっている要素は、z-indexプロパティを使ってそれらが重なる際の順序を指定することもできます。次の値が指定できます。

z-indexに指定できる値

- 整数
  重なる順序を整数で指定します。大きい値ほど上に重なって表示されます。通常のコンテンツは0の状態となっています。負の値も指定できます。

- auto
  親要素と同じ階層にします。

COLUMN

絶対配置による段組み

Webページのレイアウトに本格的にCSSが使用されるようになってから数年間くらいまでは、絶対配置によって段組みレイアウトをおこなっているサイトも多くありました。しかし、絶対配置で段組みにすると、別レイヤーになったコンテンツと他のコンテンツはまったく影響しあわなくなるため、文字サイズを大きくした場合などにコンテンツの一部が重なって見えなくなってしまうなどの問題が発生することが分かってきました。つまり、大きさが変化したり、内容量が変化する可能性がある要素を絶対配置にすると、状況によっては下のレイヤーのコンテンツが見えなくなってしまう可能性があるのです。そのような理由から、現在では絶対配置にするのは、大きさやコンテンツの量が基本的には変化しない画像や、大きさが変化しても影響のない場所に配置するコンテンツなどにほぼ限定されているようです。

166　**Chapter 7**　ページ内の構造

インライン要素の縦位置の指定

このChapterの最後に、配置と画像に関連するプロパティをもう1つだけ紹介しておきます。いきなりですが、次のサンプルを見てください。HTMLではh1要素の中にimg要素を入れ、CSSではh1要素に背景色（黄色）を指定しているだけのシンプルなソースコードです。

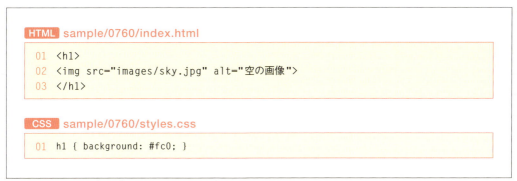

黄色い背景の見出しの中に画像を入れただけのサンプル

これをブラウザで表示させると、次のようになります。ここで注目してほしいのは、画像の下に隙間ができていることです。これはGoogle Chromeだからこうなっているというわけではなく、どのブラウザでも同じように隙間ができます。これが仕様通りの表示なのです。

上のサンプルの表示。画像の下に隙間ができている

インライン要素の「ディセンダ」に注意

では、この隙間の正体は何で、それを消すためにはどうすればいいのでしょうか？　まずこの隙間の正体ですが、これは「**ディセンダ**」と呼ばれるもので、アルファベットの小文字の「g」や「j」のようにテキストのベースラインよりも下にはみ出す部分がある文字の、そのはみ出す部分を表示させるために用意されている領域です。img要素はインライン要素ですので、普通のテキストと同じように行の中に表示されているため、つまり、黄色い背景で表示されている領域は普通のインラインの1行であるために、このようにディセンダの領域も表示されているのです。もしh1要素の内容がテキストだけなら何の違和感もないのですが、テキストが一切なくて画像だけが入っているのでディセンダ領域が目立っているというわけです。

テキストのベースラインよりも下にはみ出す部分を表示させる領域をディセンダという

vertical-alignプロパティ

CSSには、このようなインライン要素の縦方向の表示位置を調整するためのプロパティも用意されています。それが、**vertical-alignプロパティ**です。次の値が指定できます。

vertical-alignに指定できる値

- `baseline`
  ベースラインを親要素の行のベースラインに揃えます。画像のようにベースラインがない要素の場合は、その下をベースラインに揃えます。

- `top`
  上を揃えます。

- `middle`
  中央を揃えます。

- `bottom`
  下を揃えます。

- `super`
  上付き文字の表示位置に表示します。

- `sub`
  下付き文字の表示位置に表示します。

- **単位つきの実数**
  親要素のベースラインからの距離を単位つきの実数で指定します。正の値は上方向、負の値は下方向への距離となります。

- **パーセンテージ**
  親要素のベースラインからの距離を、行の高さに対するパーセンテージで指定します。正の値は上方向、負の値は下方向への距離となります。

このプロパティの初期値は「baseline」であるため、特に何も指定しなければ画像は先程のサンプルのように表示されます。先程の画像に「vertical-align: bottom;」を指定すると、画像の下の隙間を消すことができます。

CSS sample/0761/styles.css

```
01  h1 { background: #fc0; }
02  img { vertical-align: bottom; }    ← この指定を追加
```
画像の下の隙間を消すには、このような指定を追加すればよい

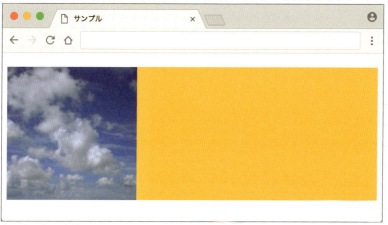

上のサンプルの表示

COLUMN

文字コードを指定しているのに文字化けする!?

文字コードは、HTMLの場合は「<meta charset="文字コード">」、CSSの場合は「@charset "文字コード";」のように指定します。しかし、この通りの書式でしっかりと文字コードを指定しているにもかかわらず、文字化けが発生してしまう場合があります。

たとえば、実際に保存されている文字コード(p.005参照)と、HTMLやCSSで指定している文字コードが違っている場合には文字化けが発生します。また、環境によっては、ファイルをサーバーに転送する際に、文字コードが自動的に別のものに変換されてしまうというケースもあり、その際にも文字化けが発生します。文字コードをきちんと指定しているにもかかわらず文字化けする場合は、HTMLやCSSで指定している文字コードと実際に保存されている文字コードが同じになっているかを確認してみてください。

Chapter 8

ナビゲーション

Chapter 7 までの内容を覚えていれば、一般的なページの多くの部分を作ることができます。しかし、ナビゲーションだけはちょっと特殊でその例外となります。Chapter 8 では、ナビゲーションに関連する要素やプロパティをまとめて紹介します。

Chapter 8-1

ナビゲーションに関連する要素

グローバルナビゲーションのようなページ内の主要なナビゲーションに対して使用する要素について説明します。

ナビゲーションのセクション

Chapter 7では、4つあるセクション関連要素のうち、3つだけを解説しました。残りの1つが、ここで説明するnav要素です。

要素名	意味
article	内容がそれだけで完結している記事のセクション
aside	本題から外れた内容のセクション
section	上の2種類のセクション以外の一般的なセクション
nav	主要なナビゲーションのセクション

HTML5のセクションをあらわす要素、全4種類

nav要素はその部分がナビゲーションのセクションであることを示す要素です。ただし、リンクのグループになっている部分をすべてこの要素としてマークアップすべきかというとそうではなく、通常はグローバルナビゲーションのような主要なナビゲーション部分に対してのみ使用されます。

この要素は、たとえばWebページの内容をスクリーンリーダーで読み上げさせているユーザーが、ナビゲーション部分を読み飛ばしたり、逆に瞬時にナビゲーション部分に移動して読み上げさせたりできるようにするための要素でもあります。そのため、多くの箇所でnav要素が使われていると、かえって使い勝手が悪くなる可能性があります（グローバルナビゲーションに移動したいのに、なかなかそこにたどり着けないなど）。ページ内のフッター部分でよく見かけるリンクのグループなどは、通常はこの要素を使用せずに、footer要素の内部に入れておくだけで十分です。

リスト関連の要素

3種類のリスト要素

ここでいうリスト関連の要素とは、箇条書きのような形式でテキストを表示させる要素のことで、直接的にはナビゲーションとは関係ありません。しかし、ナビゲーションの各項目を(表示形式とは関係なく意味的な面から)どの要素としてマークアップするかということを考えたときに、この要素以上にぴったりと当てはまる要素はほかにありません。そのため、ナビゲーション部分をマークアップするには、一般的にここで紹介するul要素が使用されています。ここでは、そのul要素をはじめとする3種類の要素について説明します。

要素名	意味
ul	箇条書きタイプのリスト(範囲全体)
ol	番号付きタイプのリスト(範囲全体)
li	リスト内の1項目

箇条書きタイプのリスト関連要素

まず、箇条書きタイプのリストには2種類があります。リスト内の各項目に番号がついているタイプとついていないタイプです。通常、ナビゲーションに使用されるのはその「番号のついていないタイプ」の方で、英語の「unordered list」の先頭の文字をそれぞれとって**ul要素**という名前になっています。「番号のついているタイプ」は英語では「ordered list」となるため、**ol要素**と呼ばれています。

ul要素とol要素は、それぞれのリストの範囲全体を示すもので、その中の各項目は**li要素**としてマークアップします。li要素の「li」は「list item」の略です。ここで簡単な例を示しますので、タグのつけ方と基本的にどのように表示されるのかを確認してください。

HTML sample/0810/index.html

```
01  <ul>
02  <li>番号のついていないタイプの項目1です。</li>
03  <li>番号のついていないタイプの項目2です。</li>
04  <li>番号のついていないタイプの項目3です。</li>
05  </ul>
06
07  <ol>
08  <li>番号のついているタイプの項目1です。</li>
09  <li>番号のついているタイプの項目2です。</li>
10  <li>番号のついているタイプの項目3です。</li>
11  </ol>
```

ul要素とol要素のマークアップの例

chapter
8-1

173

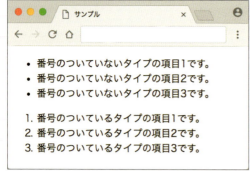

前ページのソースコードの表示例

ul要素とol要素の子要素

ul要素とol要素に直接の子要素として入れられるのは、li要素だけです。したがって、それらの要素を入れ子にする場合には、ul要素またはol要素内に直接別のul要素またはol要素内を入れるのではなく、li要素の中に入れるようにしてください。li要素の中にはインライン要素でもブロックレベル要素でも自由に入れることができます。

HTML sample/0811/index.html

```
01  <ul>
02      <li>ul要素の項目1</li>
03      <li>ul要素の項目2
04          <ol>
05              <li>ol要素の項目1</li>
06              <li>ol要素の項目2</li>
07              <li>ol要素の項目3</li>
08          </ol>
09      </li>
10      <li>ul要素の項目3</li>
11  </ul>
```

リストを入れ子にする場合のマークアップの例。入れ子にするul要素やol要素は、li要素の中に入れる必要がある

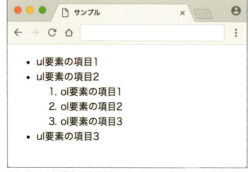

入れ子にした場合の表示例

なお、ol要素およびol要素内のli要素には、次の属性が指定できます。

ol要素に指定できる属性

- **start="開始番号"**
  番号を1以外から始めたい場合に、その先頭の番号を整数で指定します。

- **type="番号の種類"**
  各項目に表示させる番号の種類を指定します。右の5種類の値が指定できます。

値	番号の種類	表示例
1	整数	1. 2. 3.
a	アルファベット（小文字）	a. b. c.
A	アルファベット（大文字）	A. B. C.
i	ローマ数字（小文字）	i. ii. iii.
I	ローマ数字（大文字）	I. II. III.

li要素に指定できる属性

- **value="番号"**　　※ol要素の子要素である場合のみ指定可
  ol要素内のその項目の番号を整数で指定します。この項目のあとに続く項目の番号は、ここで指定した番号に続く連番となります。

用語説明型のリスト

ナビゲーション部分に使われることはあまりありませんが、リストに分類される要素として<mark>用語説明型のリスト</mark>も紹介しておきましょう。用語説明型のリストとは、箇条書きのように単純に項目が複数あるタイプのリストではなく、<mark>用語とその説明のように内容の項目がペアになっている</mark>タイプのリストです。用語説明型のリストとは言っても、用語とその説明に限らず、質問と回答のように内容が対になっている形式のデータ全般に対して使用することが可能です。

要素名	意味
dl	用語説明型のリスト（範囲全体）
dt	リスト内の「用語」に該当する部分
dd	リスト内の「説明」に該当する部分

用語説明型リストの関連要素

ul要素とol要素のように、用語説明型のリストの全体を示すのが**dl要素**です。dlは「description list」の略です。そして、その中にli要素のように入れる要素が、用語説明型のリストの場合は2種類あります。「用語（term）」部分に該当する**dt要素**と、「説明文（description）」部分に該当する**dd要素**です。
では、具体的な使い方の例を紹介しましょう。

```
HTML  sample/0812/index.html
01  <dl>
02      <dt>やれやれ</dt>
03      <dd>村上春樹の小説でよく目にするセリフ。</dd>
04      <dt>やれやれ〜</dt>
05      <dd>クレヨンしんちゃんがよく言うセリフ。</dd>
06      <dt>やれやれやれー</dt>
07      <dd>松田優作が『野獣死すべし』という映画の中で言ったセリフ。</dd>
08  </dl>
```
dl要素のマークアップ例

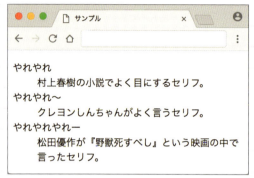

上のソースコードの表示例

dl要素内には、上の例のようにdt要素とdd要素をペアにして複数入れることができます。ペアといってもdt要素とdd要素は常に1つずつである必要はなく、dt要素またはdd要素を連続して複数入れることも可能です。ただし、同じペア内ではdt要素は必ずdd要素よりも前に配置する必要があります。

COLUMN

dl要素はもともとは「定義リスト」だった!?

dl要素の「dl」が「description list」の意味になったのはHTML5からです。それ以前は、「definition list」の意味で「定義リスト」と呼ばれていました。簡単に言えば、dl要素はもともとは専門用語などを定義する部分で使用するために用意された要素だったのです。とはいえ、使用する対象はそれだけに限定されていたわけでもありませんので、使い方が変わったということではありません。HTML5になって、要素名の意味がより汎用的なものに修正されたということです。

Chapter 8-2

リスト関連のプロパティ

ナビゲーションを作成する際に必須というわけではないのですが、CSSにはul要素とol要素に使用できる専用のプロパティが用意されていますのでここで紹介しておきます。

プロパティ名	機能
list-style-type	行頭記号を変える
list-style-image	行頭記号を画像にする
list-style-position	行頭記号の表示位置を設定する
list-style	リスト関連プロパティの一括指定

リスト関連のプロパティ

なお、ここで紹介するプロパティはすべて行頭記号に関するものですので、指定する対象はli要素となります。しかし、これらのプロパティはすべてその内部の要素にも値を継承するタイプとなっているため、ul要素やol要素に対して指定すると、その子要素であるli要素にも適用されることになります。

行頭記号を変える

list-style-typeプロパティは、行頭記号を変更するプロパティです。次の値が指定できます。表示される行頭記号は、ブラウザの種類によって異なる場合があります。

list-style-typeに指定できる値

・none
行頭記号を消します。

・disc
塗りつぶした丸にします。

・circle
白抜きの丸にします。

・square
四角にします。

次ページへ続く

177

list-style-typeに指定できる値（続き）

・decimal
　数字にします。

・decimal-leading-zero
　01. 02. 03. 〜 99. のように先頭に0をつけた数字にします。

・lower-roman
　小文字のローマ数字にします。

・upper-roman
　大文字のローマ数字にします。

・lower-latin
　小文字のアルファベットにします。

・upper-latin
　大文字のアルファベットにします。

・lower-alpha
　小文字のアルファベットにします。

・upper-alpha
　大文字のアルファベットにします。

・lower-greek
　小文字のギリシャ文字にします。

HTML sample/0820/index.html

```
01  <ul id="sample1">
02  <li>項目1</li>
03  <li>項目2</li>
04  <li>項目3</li>
05  </ul>
06
07  <ul id="sample2">
08  <li>項目1</li>
09  <li>項目2</li>
10  <li>項目3</li>
11  </ul>
12
13  <ul id="sample3">
14  <li>項目1</li>
15  <li>項目2</li>
16  <li>項目3</li>
17  </ul>
18
```

Chapter 8　ナビゲーション

```
19  …中略…
20
21  <ol id="sample9">
22  <li>項目1</li>
23  <li>項目2</li>
24  <li>項目3</li>
25  </ol>
```

CSS sample/0820/styles.css

```
01  ul, ol {
02    float: left;
03    margin-right: 40px;
04  }
05  #sample1 { list-style-type: none; }
06  #sample2 { list-style-type: disc; }
07  #sample3 { list-style-type: circle; }
08  #sample4 { list-style-type: square; }
09  #sample5 { list-style-type: decimal; }
10  #sample6 { list-style-type: decimal-leading-zero; }
11  #sample7 { list-style-type: lower-roman; }
12  #sample8 { list-style-type: upper-roman; }
13  #sample9 { list-style-type: lower-alpha; }
```

list-style-typeプロパティの指定例

上のソースコードの表示例

行頭記号を画像にする

list-style-imageプロパティを使用すると、行頭記号を画像に変えることができます。指定できる値は次の通りで、画像は url(〜) の書式で指定します。

list-style-imageに指定できる値

- url(画像のアドレス)
  指定した画像を行頭記号として表示させます。

- none
  画像を行頭記号として表示させません。

list-style-imageプロパティの指定例

上のソースコードの表示例

行頭記号の表示位置を設定する

list-style-position プロパティを使用すると、行頭記号の表示位置を、テキストを表示させる領域の先頭部分に変更することができます。次の値が指定できます。

list-style-positionに指定できる値

・outside
　　テキストを表示させる領域の外側に行頭記号を表示させます。

・inside
　　テキストを表示させる領域の内側に行頭記号を表示させます。

行頭記号の表示位置を変更しても、項目内のテキストが1行だけだと違いはよく分かりません。しかし、下のサンプルのようにテキストが複数行になっていると、行頭記号の位置の違いがはっきりと分かります。

```
HTML  sample/0822/index.html
01  <ul id="sample1">
02  <li>行頭記号の表示位置として「outside」を指定しています。</li>
03  <li>行頭記号の表示位置として「outside」を指定しています。</li>
04  </ul>
05
06  <ul id="sample2">
07  <li>行頭記号の表示位置として「inside」を指定しています。</li>
08  <li>行頭記号の表示位置として「inside」を指定しています。</li>
09  </ul>
```

```
CSS  sample/0822/styles.css
01  #sample1 { list-style-position: outside; }
02  #sample2 { list-style-position: inside; }
```

list-style-position プロパティの指定例

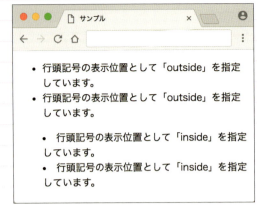

前ページのソースコードの表示例

リスト関連プロパティの一括指定

list-styleプロパティを使用すると、リスト関連プロパティの値を任意の順でまとめて一括で指定できます。必要な値を半角スペースで区切って指定します。「none」を指定すると、list-style-typeとlist-style-imageの両方の値が「none」に設定されます。

list-styleに指定できる値

- **list-style-typeの値**
  list-style-typeに指定できる値(p.177)が指定できます。

- **list-style-imageの値**
  list-style-imageに指定できる値(p.180)が指定できます。

- **list-style-positionの値**
  list-style-positionに指定できる値(p.181)が指定できます。

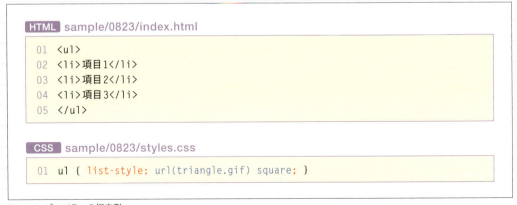

list-styleプロパティの指定例

前ページのソースコードの表示例

Chapter 8-3

表示形式を変えるプロパティ

今度は逆に、リストと特別に関連が深いわけではないのですが、ナビゲーションを作成する際によく使われる「表示形式を変えるプロパティ」について説明します。

表示形式を変更する

displayプロパティは、ナビゲーションを作成する際によく使われるプロパティの1つです。このプロパティを使用すると、インライン要素をブロックレベル要素のように表示させたり、逆にブロックレベル要素をインライン要素のように表示させることなどができます。

指定できる主な値(表示形式)は、次の通りです。

displayに指定できる値(基本的なもののみ抜粋。値「flex」と「grid」についてはChapter 11で解説)

- inline
  インライン要素と同様の表示にします。

- block
  ブロックレベル要素と同様の表示にします。

- inline-block
  ボックス自体はインライン要素と同様に配置されますが、その内部はブロックレベル要素のように複数行を表示できるボックスにします(フォームのテキスト入力欄で複数行を入力できるタイプのものと同様の表示形式になります)。

- none
  ボックスを消します(ボックスが無い状態になります)。

displayプロパティの使用例

では、このプロパティを使用すると、具体的にどのように表示が変化するのかを見てみましょう。

次のサンプルのHTMLファイルでは、インライン要素であるspan要素とブロックレベル要素であるdiv要素のペアを4つ配置しています。それぞれには、sample1～sample4というクラス名をつけています。

184　**Chapter 8**　ナビゲーション

HTML sample/0830/index.html

```
01  <span class="sample1">サンプル1<br>span要素</span>
02  <div class="sample1">サンプル1<br>div要素</div>
03
04  <span class="sample2">サンプル2<br>span要素</span>
05  <div class="sample2">サンプル2<br>div要素</div>
06
07  <span class="sample3">サンプル3<br>span要素</span>
08  <div class="sample3">サンプル3<br>div要素</div>
09
10  <span class="sample4">サンプル4<br>span要素</span>
11  <div class="sample4">サンプル4<br>div要素</div>
```

サンプルのHTMLソース。span要素とdiv要素のペアが4つある

まずはdisplayプロパティを指定していない状態の表示を確認しておきましょう。
span要素とdiv要素の要素内容にはbr要素を入れて意図的に改行させてありますので、このような表示になっています。

displayプロパティを指定していない状態での表示

これに対してdisplayプロパティを次のように指定すると、表示結果はこのように変わります。
まず、サンプル1のspan要素とdiv要素はともにインライン要素の表示になっています。
同様に、サンプル2は両方ともブロックレベル要素の表示になっています。
サンプル3は消えてなくなり、サンプル2の下にはサンプル4のボックスが表示されています。
サンプル4のように、インライン要素と同様に横に並ぶけれどもその内部がブロックレベル要素のようになっているのが「inline-block」です。

```
01  span, div { color: #fff; }
02  span { background: #f6d; }
03  div { background: #69e; }
04
05  .sample1 { display: inline; }
06  .sample2 { display: block; }
07  .sample3 { display: none; }
08  .sample4 { display: inline-block; }
```

それぞれにdisplayプロパティの異なる値を指定

CSS適用後の表示

見えない状態にする

displayプロパティの値として「none」を指定すると、その要素のボックスは消えてなくなりました。**visibilityプロパティ**を使用すると、要素自体を消すのではなく、見えないのだけれども場所は確保されている状態（つまりあたかも透明になったような状態）にすることができます。

visibilityに指定できる値

- `visible`
  ボックスを見える状態にします。

- `hidden`
  ボックスを見えない状態にします。

visibilityプロパティの使用例

では、具体的にどうなるのかを、2つの画像を表示させたサンプルで確認してみましょう。HTMLソースは次の通りです。

HTML sample/0831/index.html

```
01  <img id="sample1" src="tpp.jpg" alt="タンポポの画像">
02  <img id="sample2" src="tpp.jpg" alt="タンポポの画像">
```

サンプルのHTMLソース。img要素が2つあるのみ

はじめに、この状態での表示を確認しておきましょう。この段階では単純に画像が2つ並んで表示されています。

CSSを適用していない状態での表示

では、次のCSSを適用させてみましょう。
左側の画像は消えましたが、右側の画像は表示位置が変わることもなく、そのまま表示されています。

CSS sample/0832/styles.css

```
01  #sample1 { visibility: hidden; }
```

左側の画像に「visibility: hidden;」を指定

左側の画像は表示されなくなったが、右側の画像の表示位置などは一切変わっていない

はみ出る部分の表示方法を設定

overflowプロパティを使用すると、ボックスの幅や高さを指定している状態で、要素内容が**ボックス内に入りきらなくなってしまったとき**にどのように表示させるのかを設定することができます。ただし、このプロパティを適用できるのはブロックレベルの状態の要素に限ります。次の値が指定できます。

overflowに指定できる値

・`visible`
ボックスからはみ出た部分も表示します。

・`hidden`
ボックスからはみ出た部分は表示しません。

・`scroll`
ボックスからはみ出た部分は表示しませんが、スクロールによってすべての内容が見られるようにします。

・`auto`
必要に応じて(内容が入りきらなくなると)スクロール可能にします。

次のサンプルでは、幅100ピクセル・高さ100ピクセルのボックス中に、幅200ピクセル・高さ200ピクセルの画像を表示させています。overflowプロパティの値によって、次のように表示結果が変わります。

HTML sample/0833/index.html

```
01  <p id="sample1">
02  <img src="tpp.jpg" alt="タンポポの画像">
03  </p>
04  <p id="sample2">
05  <img src="tpp.jpg" alt="タンポポの画像">
06  </p>
07  <p id="sample3">
08  <img src="tpp.jpg" alt="タンポポの画像">
09  </p>
```

CSS sample/0833/styles.css

```
01  p {
02      width: 100px;
03      height: 100px;
04  }
05  #sample1 { overflow: hidden; }
06  #sample2 { overflow: scroll; }
07  #sample3 { overflow: visible; }
```

overflowプロパティの指定例

188　**Chapter 8**　ナビゲーション

前ページのソースコードの表示結果（200×200ピクセルの画像を100×100ピクセルのボックス内に「hidden」「scroll」「visible」の順で表示させた状態）

Chapter 8-4

ナビゲーションの作り方

では、このChapterで覚えた要素とプロパティをどのように使ってナビゲーションを作るのかを、簡単な例で紹介します。まずは、HTML側のマークアップから確認していきましょう。

ナビゲーションのマークアップ

ここでは、ヘッダー部分によくあるようなグローバルナビゲーションを作成すると仮定して、全体を nav 要素 の中に入れます。その内部には ul 要素 を配置して、ナビゲーションの各項目は li の中に入れます。
各項目はナビゲーションとして機能するように a 要素 でリンクにしておきます。

HTML sample/0840/index.html

```html
<nav>
  <ul>
    <li><a href="a.html">項目A</a></li>
    <li><a href="b.html">項目B</a></li>
    <li><a href="c.html">項目C</a></li>
    <li><a href="d.html">項目D</a></li>
    <li><a href="e.html">項目E</a></li>
  </ul>
</nav>
```

ナビゲーション部分のマークアップ

この時点では、普通のリストとして表示される

リストの項目を横に並べる

ここから徐々にCSSを追加して、ナビゲーションらしく見えるようにしていきます。まずはリストの各項目が横に並ぶようにします。リストには行頭記号がついていたりとそのままでは扱いにくいので、li要素に「display: block;」を指定します。

こうすることで行頭記号も消えて、li要素が普通のブロックレベル要素と同じように扱えるようになるわけです。あとは、Chapter 7で学習した段組みの要領でfloatプロパティを指定すると各項目は横に並びます。ちなみに、body要素にマージンを指定しているのは、サンプルとして見やすくするためです。

`CSS` sample/0841/styles.css

```
01  body {
02      margin-top: 80px;
03  }
04
05  nav li {
06      display: block;
07      width: 80px;
08      float: left;
09  }
```

リストの各項目を横に並べるためのソースコード

行頭記号が消え、リストの項目が横に並んだ

リンクの範囲を確認する

この状態だとボックスの範囲などが分かりにくいので、各項目内のa要素に背景色(と文字色)を指定します。背景色を表示させてみると、背景がつくのはテキストのある狭い範囲に限定されていることが分かります。リンクとしてクリックできるのも背景が表示されている範囲ですので、その領域を広げる必要があります。

`CSS` sample/0842/styles.css

```
01  nav a {
02      color: #fff;
03      background: #69e;
04  }
```

a要素に背景色と文字色を指定する

この時点でクリックが可能なのは、水色の背景が表示されている狭い領域のみ

リンクの範囲を拡張する

a要素はインライン要素であるため、widthプロパティやheightプロパティを指定して大きさを変更することはできません。インライン要素の場合は、高さはフォントサイズや行の高さなどで決まりますし、状況によって行を折り返す場合もあるので幅も指定できないのです。それではナビゲーションの項目としては不都合ですので、a要素もブロックレベル化してしまいましょう。

次の指定を追加します。

CSS sample/0843/styles.css

```
01  nav a {
02      color: #fff;
03      background: #69e;
04      display: block;      ← この行を追加
05  }
```
a要素もブロックレベル化する

背景が表示される範囲(=クリック可能な範囲)が広がった

表示を調整する

この状態ではナビゲーションらしく見えないので、表示を調整します。まず、行の高さとパディングの指定を追加して背景の表示される領域を調整し、各項目の左側に白いボーダーを表示させて境界がハッキリと分かるようにします。あとはテキストを中央揃えにして下線を消したら、シンプルではありますがナビゲーションらしくなりました。

CSS sample/0844/styles.css

```
01  nav a {
02      color: #fff;
03      background: #69e;
04      display: block;
```

```
05    line-height: 1.0;
06    padding: 6px 0;
07    border-left: 1px solid #fff;
08    text-align: center;
09    text-decoration: none;
10  }
```

追加

ナビゲーションらしく見えるように表示を調整する

ナビゲーションらしく見えるようになった

カーソルが上にあるときの処理

一般に、ナビゲーションの項目はカーソルをのせると背景が変わるなどなんらかの変化を見せます。最後に
その処理を追加しましょう（これで完成ですのでナビゲーション部分全体の表示指定を掲載しておきます）。
ナビゲーション作成のポイントは、li要素とa要素の両方に「display: block;」を指定することです。あ
とは段組みの要領で横に並べたり、細かい表示の調整をおこなうだけで簡単に作成できます。

chapter
8-4

HTML sample/0845/index.html

```
01  <nav>
02    <ul>
03      <li><a href="a.html">項目A</a></li>
04      <li><a href="b.html">項目B</a></li>
05      <li><a href="c.html">項目C</a></li>
06      <li><a href="d.html">項目D</a></li>
07      <li><a href="e.html">項目E</a></li>
08    </ul>
09  </nav>
```

CSS sample/0845/styles.css

```
01  nav li {
02    display: block;
```

193

```
03    width: 80px;
04    float: left;
05  }
06  nav a {
07    color: #fff;
08    background: #69e;
09    display: block;
10    line-height: 1.0;
11    padding: 6px 0;
12    border-left: 1px solid #fff;
13    text-align: center;
14    text-decoration: none;
15  }
16  nav a:hover {
17    background: #f6d;
18  }
```

──── 追加

カーソルをのせたときの処理を追加

カーソルをのせると背景色が変わるようになった

Chapter 8 ナビゲーション

Chapter
9

フォームとテーブル

HTML では、検索などに使用するテキスト入力欄のような入力・選択のためのパーツが多く用意されています。Chapter 9 では、そのようなパーツの扱い方とテーブル（表）のマークアップの仕方、およびそれらに関連する CSS のプロパティについて説明します。

Chapter 9-1

フォーム関連の要素

HTML5では、フォームに関連する新しい要素が多く追加されているだけでなく、従来からある要素に指定可能な属性も大量に追加されています。とはいえ、現時点でそれらのすべてが一般的なブラウザでサポートされているわけではなく、ブラウザによっては部分的に未対応の機能もあるようです。ここでは、一般的なフォームで使用されている安定した機能を中心に、フォーム関連の要素と属性およびそれらの使い方について説明していきます。

フォーム全体を囲む要素

form要素は、その要素内に含んでいるフォーム関連要素で入力・選択したデータの送信先や送信方法を指定する要素です。テキスト入力欄やメニューなどは必ずしもこの要素の中に入れて使用する必要はありませんが、データをサーバーなどに送信するのであればform要素内に入れる必要があります※。form要素には次の属性が指定できます。

form要素に指定できる属性

- `action="送信先のURL"`
  データの送信先のURLを指定します。

- `method="送信方法"`
  データの送信方法を指定します。「get（初期値）」または「post」が指定できます。「get」はURLの後ろにデータをつけ加えて送信する方法です。「post」はURLとは別に（HTTPリクエストとは別のデータ本体として）データを送信します。

- `enctype="MIMEタイプ"`
  method属性の値が「post」のときの、データを送信する際のMIMEタイプを指定します。「application/x-www-form-urlencoded（初期値）」「multipart/form-data」「text/plain」のいずれかが指定できます。データとしてファイルを送信する場合には「multipart/form-data」を指定する必要があります。

- `name="フォームの名前"`
  フォームを参照するための名前を指定します。

※ HTML5では、form要素の中に含まれていない要素で入力・選択したデータでもサーバーに送信することができるように新しい属性が追加されています。ただし、Internet Explorerをはじめとする古いブラウザは対応していません。

196　**Chapter 9**　フォームとテーブル

入力欄やボタンを生成する要素

フォームで使用されるテキスト入力欄や各種ボタン類の多くは、**input要素**というたった一種類の空要素によって生成されます。input要素をどのフォーム部品にするのかは、type属性で指定します。フォーム部品の種類によって、使用する属性とその機能は違ってきます。ユーザーによって入力・選択されたデータは、name属性で指定した名前とペアで送信されます。

input要素に指定できる属性

- **type="フォーム部品の種類"**
  このinput要素を、どのフォーム部品にするのかを次のキーワードで指定します。

キーワード	フォーム部品の種類
text	1行のテキスト入力欄（一般テキスト用）
password	1行のテキスト入力欄（パスワード用）
checkbox	チェックボックス
radio	ラジオボタン
file	ファイル送信用部品
hidden	画面上には表示させずに送信するテキスト
submit	送信ボタン
reset	リセットボタン
button	汎用ボタン
image	画像の送信ボタン

- **name="部品の名前"**
  このフォーム部品の名前を指定します。入力・選択されたデータは、この名前とペアで送信されます。同じ選択項目内でのチェックボックスまたはラジオボタンには同じ名前をつける必要があります。

- **value="初期値／ラベル／送信値"**
  テキスト入力欄の場合は、そこに最初から入力されている初期値となります。ボタンの場合は、そのボタンのラベルとなります。チェックボックスまたはラジオボタンの場合は、その項目を選択したときにサーバーに送信される値となります。

- **size="文字数"**
  テキスト入力欄の文字数を指定します。この属性に指定した値によってテキスト入力欄の幅が変化します。初期値は20です。

- **maxlength="最大文字数"**
  テキスト入力欄に入力できる最大の文字数を指定します。

- **checked**
  チェックボックスまたはラジオボタンを選択した状態にします。

- **readonly**
  このフォーム部品を変更不可（選択は可能）の状態にします。

chapter 9-1

input要素に指定できる属性 (続き)

・disabled
このフォーム部品を変更・選択不可の状態にします。

・src="画像のURL"
画像の送信ボタンにする際の「画像のURL」を指定します。

・width="幅"
画像の送信ボタンの画像の幅 (実際の幅ではなく表示させる幅) をピクセル数で指定します。

・height="高さ"
画像の送信ボタンの画像の高さ (実際の高さではなく表示させる高さ) をピクセル数で指定します。

・alt="代替テキスト"
画像の送信ボタンの画像が表示できない場合に、その代わりとして使用するテキストを指定します。

input要素の使用例

では、input要素が実際にどのように使用され、ブラウザではどのように表示されるのかをサンプルで確認してみましょう。

HTML sample/0910/index.html

```
01  <form action="sample.cgi" method="post">
02  <p>
03  text:<input type="text" name="type01">
04  </p>
05  <p>
06  password:<input type="password" name="type02">
07  </p>
08  <p>
09  checkbox:
10  <input type="checkbox" name="type03" value="c1" checked>項目1
11  <input type="checkbox" name="type03" value="c2">項目2
12  <input type="checkbox" name="type03" value="c3">項目3
13  </p>
14  <p>
15  radio:
16  <input type="radio" name="type04" value="r1" checked>項目1
17  <input type="radio" name="type04" value="r2">項目2
18  <input type="radio" name="type04" value="r3">項目3
19  </p>
20  <p>
21  file:<input type="file" name="type05">
22  </p>
23  <p>
24  hidden:<input type="hidden" value="h1" name="type06">
25  </p>
```

198　**Chapter 9**　フォームとテーブル

```
26  <p>
27  submit:<input type="submit">
28  </p>
29  <p>
30  reset:<input type="reset">
31  </p>
32  <p>
33  button:<input type="button" value="ボタン">
34  </p>
35  <p>
36  image:<input type="image" src="stone.png" alt="送信">
37  </p>
38  </form>
```

input要素の使用例。これらのフォーム部品はすべてinput要素のtype属性に異なる値を指定したもの

input要素の表示例。表示結果は、ブラウザやOSの種類によって異なる

COLUMN

仕様上はもっと多くの部品が用意されている!?

実はここまでに紹介したフォーム部品はすべてHTML4ですでに定義されていたもので、HTML5ではtype属性の値としてさらに右の表で示したキーワードが指定可能となっています。

ただし、これらのすべてに対応したブラウザはまだまだ多いとは言えない状況です。もし使用するのであれば、その時点での対応状況をしっかりと確認した方がいいでしょう。

キーワード	フォーム部品の種類
search	1行のテキスト入力欄（検索用）
tel	1行のテキスト入力欄（電話番号用）
url	1行のテキスト入力欄（URL用）
email	1行のテキスト入力欄（メールアドレス用）
datetime-local	日時の入力用部品（タイムゾーンなし）
date	年月日入力用部品
month	年月入力用部品
week	年週入力用部品
time	時刻入力用部品
number	数値入力用部品
range	スライド型部品
color	色選択用部品

HTML5で追加されたinput要素のtype属性の値

sample/0911/index.html

```
01  <p>search:<input type="search"></p>
02  <p>tel:<input type="tel"></p>
03  <p>url:<input type="url"></p>
04  <p>email:<input type="email"></p>
05  <p>datetime-local:<input type=
      "datetime-local"></p>
06  <p>date:<input type="date"></p>
07  <p>month:<input type="month"></p>
08  <p>week:<input type="week"></p>
09  <p>time:<input type="time"></p>
10  <p>number:<input type="number"></p>
11  <p>range:<input type="range"></p>
12  <p>color:<input type="color"></p>
```

HTML5で追加されたtype属性の値の使用例

左のサンプルソースをGoogle Chromeで表示させたところ

複数行のテキスト用の入力欄

textarea要素は、複数行のテキスト入力欄を表示させる要素です。

input要素で生成可能なのは1行のテキスト入力欄だけで、複数行のテキスト入力欄が必要な場合にはtextarea要素を使用する必要があります。この要素は空要素ではなく、要素内容として入れたテキストが、初期状態でテキスト入力欄に入力された状態で表示されます。

次の属性が指定できます。

textarea要素に指定できる属性

- **cols="文字数"**
  テキスト入力欄の1行の文字数を指定します。この属性に指定した値によってテキスト入力欄の幅が変化します。初期値は20です。

- **rows="行数"**
  テキスト入力欄の行数を指定します。この属性に指定した値によってテキスト入力欄の高さが変化します。初期値は2です。

- **name="部品の名前"**
  このフォーム部品の名前を指定します。入力されたデータは、この名前とペアで送信されます。

- **maxlength="最大文字数"**
  入力可能な最大の文字数を指定します。

- **readonly**
  このフォーム部品を変更不可(選択は可能)の状態にします。

- **disabled**
  このフォーム部品を変更・選択不可の状態にします。

HTML sample/0912/index.html

```
01  <form action="sample.cgi" method="post">
02  <p>
03  <textarea rows="7" cols="50">
04  サンプルテキスト
05  </textarea>
06  </p>
07  </form>
```

textarea要素の使用例

chapter 9-1

201

前ページのソースコードの表示

要素内容をラベルとして表示するボタン

基本的なボタンはinput要素で生成可能なのですが、それとは別に**button要素**というボタン専用の要素も用意されています。input要素は<u>空要素</u>でしたが、button要素の場合は<u>要素内容をそのまま</u><u>ボタン上のラベルとして表示できる</u>点が大きく異なります。

button要素に指定できる属性

- type="ボタンの種類"
  ボタンの種類を次のキーワードで指定します。

キーワード	ボタンの種類
submit	送信ボタン(初期値)
reset	リセットボタン
button	汎用ボタン

- name="部品の名前"
  このフォーム部品の名前を指定します。この名前とvalue属性の値がペアで送信されます。

- disabled
  このフォーム部品を変更・選択不可の状態にします。

- value="送信値"
  サーバーに送信される値を指定します。この値とname属性の値がペアで送信されます。

```
HTML  sample/0913/index.html
01  <p>
02  <button type="submit">送信ボタン</button>
03  <button type="reset">リセットボタン</button>
04  <button type="button">
05    <strong>汎用ボタン</strong>
06    <br>
07    <img src="moon.jpg" width="100" height="93" alt="">
08  </button>
09  </p>
```

```
CSS  sample/0913/styles.css
01  button[type="button"] {
02    font-size: large;
03    border-radius: 10px;
04    color: white;
05    background: #666699;
06  }
```

button要素の使用例

上のソースコードの表示

203

メニューを構成する要素

メニューは、基本的なフォームの部品の中では唯一複数の要素の組み合わせで作られる部品です。メニューの構造は、リストと同じようになっていて、全体を **select要素** で囲い、各選択肢は **option要素** で指定します。それぞれに指定できる属性は次の通りです。

select要素に指定できる属性

- name="部品の名前"
  このフォーム部品の名前を指定します。選択されたデータは、この名前とペアで送信されます。

- size="行数"
  一度に見られる項目の数(行数)を指定します。この属性を指定すると、メニューではなくリストボックスになります。

- multiple
  複数の項目を選択できるようにします。

- disabled
  このフォーム部品を変更・選択不可の状態にします。

option要素に指定できる属性

- value="送信値"
  サーバーに送信される値を指定します。この値とselect要素のname属性の値がペアで送信されます。

- selected
  この項目を選択した状態にします。

- disabled
  このフォーム部品を変更・選択不可の状態にします。

HTML sample/0914/index.html

```
01  <p>
02  選択してください:
03  <select>
04    <option>メニュー項目1</option>
05    <option>メニュー項目2</option>
06    <option>メニュー項目3</option>
07    <option>メニュー項目4</option>
08    <option>メニュー項目5</option>
09  </select>
10  </p>
```

select要素・option要素の使用例

前ページのソースコードの表示

フォーム部品とテキストを関連づける要素

たとえばテキスト入力欄の前に「名前:」のようなテキストを配置したとしても、それだけでそのテキストとテキスト入力欄が内部的に結びつけられるわけではありません。そのため、その「名前:」と書かれた部分をクリックしたとしても、テキスト入力欄には何の反応もありません(入力を開始するには直接テキスト入力欄をクリックする必要があります)。同様に、チェックボックスやラジオボタンもテキスト部分をクリックしても一切反応はなく、直接ボタン部分をクリックしなければなりません。しかし、それでは一般的なアプリケーションとは反応が違うことになり使いにくいので、テキストとフォーム部品を内部的に関連づけるための要素が用意されています。それがlabel要素です。

label要素の使い方

label要素でテキストとフォーム部品を関連づけるには2つの方法があります。1つはテキストとフォーム部品を一緒にlabel要素の内容として入れてしまう方法です。もう1つは、フォーム部品にid属性を指定しておき、内容としてテキストだけを入れたlabel要素のfor属性の値にそのid属性の値を入れて関連づける方法です。label要素の内容として入れられるのは、インライン要素だけです(各種フォーム部品もインライン要素に分類されます)。ブロックレベル要素は入れられませんので注意してください。

label要素に指定できる属性

- for="部品のid"
  フォーム部品のid属性の値を指定して、このラベルと関連づけます。

HTML sample/0915/index.html

```
01  <p>
02  <label>ラベル：<input type="text"></label>
03  </p>
04  <p>
05  <label><input type="checkbox" name="cb"> 項目A</label>
06  <label><input type="checkbox" name="cb"> 項目B</label>
07  <label><input type="checkbox" name="cb"> 項目C</label>
08  </p>
09  <p>
10  <input id="rb1" type="radio" name="rb">
11  <label for="rb1">項目D</label>
12  <input id="rb2" type="radio" name="rb">
13  <label for="rb2">項目E</label>
14  <input id="rb3" type="radio" name="rb">
15  <label for="rb3">項目F</label>
16  </p>
```
label要素の使用例

上のソースコードの表示。テキスト部分をクリックすると反応するようになっている

フォーム部品などをグループ化する要素

各種フォーム部品やそのラベルのテキストなどをグループ化するには、**fieldset要素**を使用します。グループの表示方法が特に決められているわけではありませんが、一般的なブラウザではグループ全体を囲うような線が表示されます。

fieldset要素でグループ化した範囲にタイトルをつけるには、**legend要素**を使用します。legend要素は、fieldset要素でマークアップした範囲の先頭に1つだけ入れることができます。

fieldset要素に指定できる属性

- name="部品の名前"
    この要素の名前を指定します。

- disabled
    このフォーム部品を変更・選択不可の状態にします。

次の例では、前のサンプルをそのまま使ってfieldset要素でグループ化しています。

HTML sample/0916/index.html

```html
01 <fieldset>
02 <legend>グループのタイトル</legend>
03 <p>
04 <label>ラベル：<input type="text"></label>
05 </p>
06 <p>
07 <label><input type="checkbox" name="cb"> 項目A</label>
08 <label><input type="checkbox" name="cb"> 項目B</label>
09 <label><input type="checkbox" name="cb"> 項目C</label>
10 </p>
11 <p>
12 <input id="rb1" type="radio" name="rb">
13 <label for="rb1">項目D</label>
14 <input id="rb2" type="radio" name="rb">
15 <label for="rb2">項目E</label>
16 <input id="rb3" type="radio" name="rb">
17 <label for="rb3">項目F</label>
18 </p>
19 </fieldset>
```

fieldset要素とlegend要素の使用例。legend要素を使用する場合は、必ずグループ内の先頭に入れる

上のソースコードの表示

Chapter 9-2

フォーム関連のプロパティ

ここで、フォームのために用意されているというわけではありませんが、フォームと関連して使用されることが多いプロパティをいくつか紹介しておきましょう。

リサイズ可能にする

Chapter 9-1の複数行のテキスト入力欄のサンプルですでにお気づきの方も多いと思われますが、一般的なブラウザでtextarea要素を表示させると、ボックスの右下をドラッグすることで大きさが変えられるようになっています。適用対象がテキスト入力欄に限定されているわけではありませんが、このようにボックスの大きさをユーザーが変更できるようにするかどうかは**resize プロパティ**で設定できます。

resizeに指定できる値

- both
  幅と高さの両方をリサイズ可能にします。

- horizontal
  幅だけをリサイズ可能にします。

- vertical
  高さだけをリサイズ可能にします。

- none
  リサイズができない状態にします。

resizeプロパティの初期値は「none」です。そのため、現在の一般的なブラウザではほとんどの要素はリサイズができない状態になっていますが、textarea 要素の resize プロパティの値については（デフォルトスタイルシートで）「both」に設定されているものが多いようです。したがって、他の値を指定しないかぎり、textarea 要素は幅と高さの両方がリサイズ可能な状態となっていますので注意してください。

208　**Chapter 9**　フォームとテーブル

HTML sample/0920/index.html

```
01  <p>
02  <textarea id="sample1" rows="3" cols="30">
03  初期状態</textarea>
04  </p>
05
06  <p>
07  <textarea id="sample2" rows="3" cols="30">
08  both(幅と高さを変更可)</textarea>
09  </p>
10
11  <p>
12  <textarea id="sample3" rows="3" cols="30">
13  horizontal(幅のみ変更可)</textarea>
14  </p>
15
16  <p>
17  <textarea id="sample4" rows="3" cols="30">
18  vertical(高さのみ変更可)</textarea>
19  </p>
20
21  <p>
22  <textarea id="sample5" rows="3" cols="30">
23  none(変更不可)</textarea>
24  </p>
```

CSS sample/0920/styles.css

```
01  #sample2 { resize: both; }
02  #sample3 { resize: horizontal; }
03  #sample4 { resize: vertical; }
04  #sample5 { resize: none; }
```

resizeプロパティをtextarea要素に適用した例

chapter
9-2

209

前ページのソースコードを表示させたところ（何も操作していない状態）　　このようにtextarea要素の大きさを変えることができる

ボックスに影をつける

box-shadowプロパティを使用すると、text-shadowプロパティと同様の指定方法でボックスに影をつけることができます。ただし、box-shadowプロパティでは4つめの数値として影を拡張させる距離が指定でき、「inset」というキーワードを指定することで影をボックスの内部に表示させられるようにもなっています。次の値が指定できます。

box-shadowに指定できる値

- `inset`
  影をボックスの内側に表示させます。この値を指定しなければ、影はボックスの外側に表示されます。

- 単位つきの実数
  影の「右方向への移動距離」「下方向への移動距離」「ぼかす範囲」「上下左右に拡張させる距離」は単位つきの実数で指定します。

- 色
  色の書式に従って影の色を指定できます。

- `none`
  影を表示させません。

数値は、影の「右方向への移動距離」「下方向への移動距離」「ぼかす範囲」「上下左右に拡張させる距離」の順に半角スペースで区切って指定します。「ぼかす範囲」と「上下左右に拡張させる距離」は指定しなくてもかまいません。キーワード「inset」と影の色は、これらの数値全体の前または後ろに順不同で半角スペースで区切って指定できます。

HTML sample/0921/index.html

```html
<p>
<textarea id="sample1" rows="5" cols="30">
</textarea>
</p>

<p>
<textarea id="sample2" rows="5" cols="30">
</textarea>
</p>
```

CSS sample/0921/styles.css

```css
#sample1 {
    box-shadow: 5px 5px 10px #999;
}
#sample2 {
    box-shadow: inset 5px 5px 10px #999;
}
```

box-shadowプロパティの使用例

上のソースコードの表示

アウトライン

パソコンを操作していると、テキスト入力欄をクリックしたときやボタンの上にカーソルをのせたときなどに、そのまわりに線が表示されることがあります。それによって、たとえばテキスト入力欄がたくさん並んでいても、今キーボードを打つとどのテキスト入力欄に入力されるのかが一目で分かるようになっているわけです。そのような用途で使われている線が、**アウトライン**です。

アウトラインは、見た目はボーダーとよく似ていますが、ボックスの一部ではなく**ボックスの上**に表示されます。そのため、アウトラインを表示させてもボックスの大きさが変わったり、レイアウトが崩れたりすることは一切ありません。表示される位置は、ボックスのボーダーのまわり（外側）となります。また、ボーダーのように上下左右を別々に指定することはできず、上下左右の線種・太さ・色は常に同じになります。

アウトライン関連としては次のプロパティが用意されています。各プロパティに指定できる値はボーダーとほぼ共通していますが、線種に「hidden」が指定できない点と、色に「invert」が指定できる点だけが異なっています。

プロパティ名	設定対象	指定できる値の数
outline-style	上下左右のアウトラインの線種	1
outline-width	上下左右のアウトラインの太さ	1
outline-color	上下左右のアウトラインの色	1
outline	上下左右のアウトラインの線種と太さと色	線種／太さ／色

アウトラインを設定するプロパティ。「線種／太さ／色」には半角スペースで区切って順不同で必要な値を指定できる。指定しない値は初期値となる

outline-styleに指定できる値

・none
　アウトラインを表示しません。

・solid
　アウトラインの線種を実線にします。

・double
　アウトラインの線種を二重線にします。

・dotted
　アウトラインの線種を点線にします。

・dashed
　アウトラインの線種を破線にします。

・groove
　アウトラインの線自体が溝になっているようなボーダーにします。

・ridge
　アウトラインの線自体が盛り上がっているようなボーダーにします。

・inset
　アウトラインの内側の領域全体が低く見えるようなボーダーにします。

・outset
　アウトラインの内側の領域全体が高く見えるようなボーダーにします。

outline-widthに指定できる値

・**単位つきの実数**
　アウトラインの太さを単位つきの実数（5pxなど）で指定します。

・thin, medium, thick
　「細い」「中くらい」「太い」という意味のキーワードで指定できます（実際に表示される太さはブラウザによって異なります）。

outline-colorに指定できる値

・**色**
　色の書式に従って任意のアウトラインの色を指定します。

・invert
　反転させた色にします。

outlineに指定できる値

・**outline-styleの値**
　outline-styleに指定できる値が指定できます。

・**outline-widthの値**
　outline-widthに指定できる値が指定できます。

・**outline-colorの値**
　outline-colorに指定できる値が指定できます。

chapter
9-2

213

outlineプロパティの使用例

上のソースコードを表示させたところ(何も操作していない状態)

テキスト入力欄の内部をクリックすると水色のアウトライン(と水色の影)が表示される

Chapter 9-3

テーブル関連の要素

さて、ここからはテーブル(表)のマークアップの仕方について説明していきます。

テーブルを構成する要素

テーブルの構造は、HTMLの中ではもっとも複雑です。とはいえ、基本的な構造でいえば、リストの構造にさらにもう一種類の要素が加わっている程度のものです。まずはシンプルな基本構造から順に覚えていきましょう。

テーブルを作成するには、まずその全体を **table要素** のタグで囲います。その中にはテーブルのセルが入るのですが、その内容が縦列または横列の見出しであるセルは **th要素**（table header cell）としてマークアップし、その内容がデータであるセルは **td要素**（table data cell）としてマークアップします。そして、各セルは横一列ごとに **tr要素**（table row）でグループ化します。これがHTMLのテーブルの基本構造です。

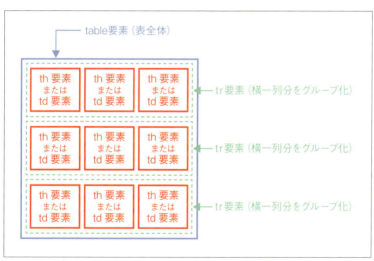

HTMLのテーブルの基本構造

table要素

table要素には、次の属性が指定できます。border属性を指定しなければ、一般的なブラウザではテーブルのボーダーは表示されません（もちろんCSSを指定すれば表示されます）。

table要素に指定できる属性

- border="ボーダーの表示"
  この属性はHTML5よりも前の仕様では、テーブル全体を囲う枠線の太さをピクセル数で指定するための属性でした。そのため、多くのブラウザは現在でもこの指定を枠線の太さとして認識します（0より大きい値を指定すると外枠だけでなくセルを区切る枠も表示されます）。しかしHTML5では、この属性はテーブルをレイアウトのために使用していないことを明示的に示す目的で使用されます。その場合、値には1を入れるか、値を空にした状態で指定してください。

次のサンプルは、テーブルの基本構造を具体的にマークアップした例です。

HTML sample/0930/index.html

```
01  <table border="1">
02  <tr><th>セル1</th><th>セル2</th><th>セル3</th></tr>
03  <tr><td>セル4</td><td>セル5</td><td>セル6</td></tr>
04  <tr><td>セル7</td><td>セル8</td><td>セル9</td></tr>
05  </table>
```

テーブルの基本構造のマークアップ例

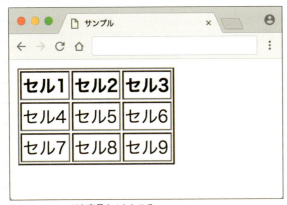

上のソースコードを表示させたところ

th要素とtd要素

実はtable要素だけでなく、th要素とtd要素にも専用の属性が用意されています。指定できる属性はほぼ共通しているのですが、ここではセルを連結させる**colspan属性**と**rowspan属性**に注目してください（このあとに具体例のサンプルがあります）。

th要素に指定できる属性

・colspan="連結させるセルの数"
この属性を指定したセルから右方向にいくつ分のセルを連結するのかを、1以上の整数で指定します。

・rowspan="連結させるセルの数"
この属性を指定したセルから下方向にいくつ分のセルを連結するのかを、1以上の整数で指定します。

・headers="このセルの見出しセルのid"
このセルの見出しとなっているセルが音声ブラウザなどでも明確に分かるようにする目的で、見出しとなっているセルに指定されているid属性の値を指定します。id属性の値は半角スペースで区切って複数指定することができます。

・scope="この見出しセルの対象"
この見出しセルの対象となっているセルの範囲を示すキーワードを指定します。指定できるキーワードは以下の通りです。

キーワード	見出しの対象となるセルの範囲
row	この見出しセルの右にあるセル全部
col	この見出しセルの下にあるセル全部
rowgroup	この見出しセルの右以降にある同じ横列グループ（thead要素・tbody要素・tfoot要素）のセル
colgroup	この見出しセルの下以降にある同じ縦列グループ（colgroup要素）のセル

td要素に指定できる属性

・colspan="連結させるセルの数"
この属性を指定したセルから右方向にいくつ分のセルを連結するのかを、1以上の整数で指定します。

・rowspan="連結させるセルの数"
この属性を指定したセルから下方向にいくつ分のセルを連結するのかを、1以上の整数で指定します。

・headers="このセルの見出しセルのid"
このセルの見出しとなっているセルが音声ブラウザなどでも明確に分かるようにする目的で、見出しとなっているセルに指定されているid属性の値を指定します。id属性の値は半角スペースで区切って複数指定することができます。

chapter
9-3

セルを連結させる

colspan属性は、そのセルから右側に向かって、指定した数のセルを連結します。同様に、**rowspan属性**は、そのセルから下側に向かって、指定した数のセルを連結します。これに関しては文章で説明しても分かりにくいので、具体的なサンプルのソースコードで確認してみましょう。

実際には「連結する」というよりも、colspan属性またはrowspan属性を指定したセルが、指定された分だけ拡張されて大きくなると言った方が正しいかもしれません。なぜなら、セルが拡張されることによって表示される場所がなくなったセルのタグは、ソースコードから取り除く必要があるからです。たとえば以下のHTMLのソースコードにおいて、上のテーブルではセル2とセル3の要素が取り除かれています。同様に、下のテーブルではセル6とセル9の要素が取り除かれています。

HTML sample/0931/index.html

```
01  <table border="1">
02  <tr><th colspan="3">セル1</th></tr>
03  <tr><td>セル4</td><td>セル5</td><td>セル6</td></tr>
04  <tr><td>セル7</td><td>セル8</td><td>セル9</td></tr>
05  </table>
06
07  <table border="1">
08  <tr><th>セル1</th><th>セル2</th><th rowspan="3">セル3</th></tr>
09  <tr><td>セル4</td><td>セル5</td></tr>
10  <tr><td>セル7</td><td>セル8</td></tr>
11  </table>
```

colspan属性とrowspan属性を使用したマークアップ例

上のサンプルの表示結果

テーブルにキャプションをつける

テーブルには、キャプション（タイトル）をつけることができます。キャプションは**caption要素**としてマークアップし、`<table>`〜`</table>`の範囲内の先頭に入れます。

表の横列をグループ化する

また、tr要素はテーブル内のヘッダー／データ本体／フッターのいずれかとしてグループ化することができます。その際に使用するのが、**thead要素**（table header）・**tbody要素**（table body）・**tfoot要素**（table footer）です。これらの要素を使用する場合、HTML4の仕様ではthead要素・tfoot要素・tbody要素の順で配置する必要がありました（表のデータが極端に多い場合に、すべてのデータを読み終える前の段階で、ヘッダーとフッターの位置を固定した状態で先に表示させ、その間の表の本体部分はスクロールして読み込んだ分だけ見られるようにするための仕様です）。しかしこの仕様はHTML5で何度か微調整され、HTML5.2ではthead要素・tbody要素・tfoot要素の順でしか配置できない仕様となっています。

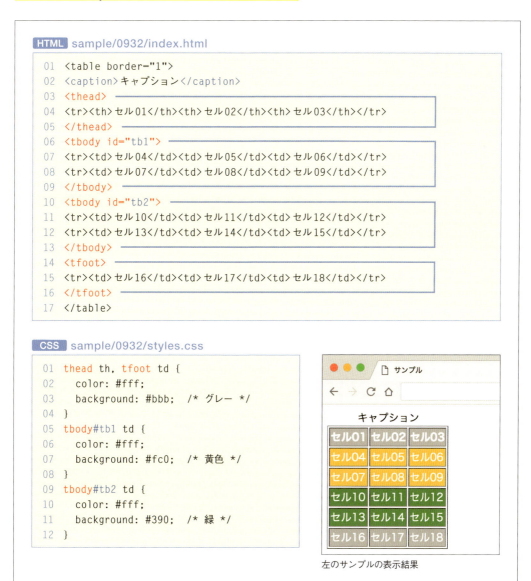

caption要素およびthead要素・tbody要素・tfoot要素を使用した例

Chapter 9-4

テーブル関連のプロパティ

続いてテーブルに関連するCSSプロパティについて説明していきます。

隣接するボーダーを1本の線にする

一般的なブラウザでテーブルを表示させると、テーブル全体のボーダーのほかに各セルのボーダーがそれぞれ独立したボーダーとして個別に表示されます。

border-collapseプロパティを使用すると、それぞれの隣接するボーダーをまとめて1本の線にして表示させることができます。

border-collapseに指定できる値

- collapse
  テーブル内の隣接するボーダーはすべてまとめて1本にして表示させます。

- separate
  テーブル全体のボーダーと各セルのボーダーをそれぞれ独立したものとして別々に表示させます。

HTML sample/0940/index.html

```
01  <table border="1" id="sample1">
02  <caption>collapse</caption>
03  <tr><th>セル1</th><th>セル2</th><th>セル3</th></tr>
04  <tr><td>セル4</td><td>セル5</td><td>セル6</td></tr>
05  <tr><td>セル7</td><td>セル8</td><td>セル9</td></tr>
06  </table>
07
08  <table border="1" id="sample2">
09  <caption>separate</caption>
10  <tr><th>セル1</th><th>セル2</th><th>セル3</th></tr>
11  <tr><td>セル4</td><td>セル5</td><td>セル6</td></tr>
12  <tr><td>セル7</td><td>セル8</td><td>セル9</td></tr>
13  </table>
```

220　Chapter 9　フォームとテーブル

```
CSS   sample/0940/styles.css
01  table {
02    float: left;
03    border: 5px solid #999;
04  }
05  th, td {
06    padding: 0.2em;
07    border: 3px solid #ccc;
08  }
09  table#sample1 {
10    border-collapse: collapse;
11  }
12  table#sample2 {
13    border-collapse: separate;
14    margin-left: 8px;
15  }
```

border-collapseプロパティの使用例

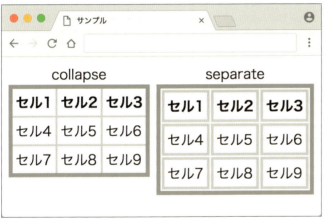

上のソースコードの表示結果

221

キャプションをテーブルの下に表示させる

caption-sideプロパティを使用すると、通常はテーブルの上に表示されるキャプションを、テーブルの下に表示させることができます。

caption-sideに指定できる値

- top
  キャプションをテーブルの上に表示させます。

- bottom
  キャプションをテーブルの下に表示させます。

HTML sample/0941/index.html
```
01  <table border="1">
02  <caption>キャプション</caption>
03  <tr><th>セル1</th><th>セル2</th><th>セル3</th></tr>
04  <tr><td>セル4</td><td>セル5</td><td>セル6</td></tr>
05  <tr><td>セル7</td><td>セル8</td><td>セル9</td></tr>
06  </table>
```

CSS sample/0941/styles.css
```
01  caption {
02    caption-side: bottom;
03  }
```

caption-sideプロパティの使用例

上のソースコードの表示結果

Chapter
10

その他の機能と
テクニック

ここまでで、従来から使われてきた主要な機能はほぼ解説しましたが、
覚えておくべきことはもう少しあります。Chapter 10 では、ここまで
に登場しなかった要素とプロパティ、フロートをクリアするための特殊
なテクニック、出力先の特性に合わせて CSS を切り替える方法、スマ
ートフォンの画面に対応させる方法などについて解説します。

Chapter 10-1

その他の要素

ここでは、Chapter 9までには登場しなかったけれど、覚えておくべき要素について説明していきます。それぞれ役目が異なりますが、使用頻度は高いので、頭に入れておきましょう。

主題の変わり目

hr要素の「hr」は「horizontal rule（横罫線）」の略で、もともとは単純に横線を表示させるだけの空要素でした。しかしHTML5からはその役割が変更され、線を表示させることが目的なのではなく、その部分で話題（または物語の場面など）が変わっていることを示すことが目的の要素となりました。とはいっても、セクションレベルでの大きな主題の変わり目で使用するのではなく、段落レベルでの小さな変わり目に使用することが想定されています。

このように役割は変更されましたが、現在でも一般的なブラウザにおいては横線として表示されることに変わりはありません。

HTML sample/1010/index.html

```
01  <p>
02      僕はhr要素の「エイチ・アール」は何の略なのか先輩に聞いてみた。「ヘアライン」だと先輩は言った。
        それなら「エイチ・エル」にならないですか、と僕は聞き返した。先輩は無表情で僕の顔を三秒ほど見つめ
        てから、そんなこと気にしてないで自分のヘアラインが後退しないように気楽に生きた方がいいぞ、と言っ
        た。その話はそれで終わった。
03  </p>
04  <hr>
05  <p>
06      翌日の午後、今度はul要素の「ユー・エル」が何の略であるのか尋ねてみた。先輩はパソコンの画面を
        見つめたままで「ウルサイ」の略だ、と言った。そして「そんなことぐらい自分で調べるもんだぞ。ほら、
        そこに『よくわかるHTML5＋CSS3の教科書』があるだろう。その本にはちゃんと書いてあるから、しっか
        り読んだ方がいいぞ」と続けた。サンプルで宣伝か？
07  </p>
```

hr要素の使用例。この例では、場面が変わる部分で使用している

224 **Chapter 10** その他の機能とテクニック

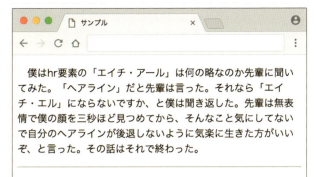

前ページのソースコードを表示させたところ

追加と削除

ins要素はあとから追加された部分（inserted text）、del要素はあとから削除された部分（deleted text）をあらわす要素です。一般的なブラウザでは、ins要素は下線付きの状態で、del要素は取消線が引かれた状態で表示されますが、表示方法についてはCSSで自由に変更できます。これらの要素は、インラインの範囲にでもブロックレベルの範囲にでもマークアップできます。次の属性が指定できます。

ins要素・del要素に指定できる属性

- `cite="ファイルのURL"`
  追加・削除した理由等が書かれているページのURLを指定します。

- `datetime="変更した日時"`
  追加・削除した日時（時間はなくても可）を「2018-09-15」や「2018-09-15 11:30」といった書式で指定します。仕様上はこのほかのさまざまな書式も用意されていて、「2018-09-15T11:30」のように日付と時間の間を大文字の「T」で区切ったり、「2018-09-15 11:30:55+09:00」のようにタイムゾーンを付加することなどができます。

chapter 10-1

225

HTML sample/1011/index.html

```
01  <h1>To Do リスト</h1>
02  
03  <ul>
04  <li>『よくわかるPHPの教科書』を購入</li>
05  <li><del datetime="2018-08-06">『よくわかるHTML5＋CSS3の教科書』の原稿執筆</del></li>
06  <li><ins datetime="2018-09-15">『CSS3妖怪図鑑』の原稿執筆</ins></li>
07  </ul>
```

ins要素とdel要素の使用例

上のソースコードを表示させたところ

スクリプト

script要素は、HTMLにスクリプトを組み込むための要素です。

CSSの場合は、要素内容としてCSSを書き込むならstyle要素、CSSのファイルを読み込むならlink要素と使い分けが必要でしたが、script要素の場合はこれだけで要素内容としてスクリプトを書き込むことも外部のファイルを読み込むことも可能です。

次の属性が指定できます。
ただし、要素内容としてスクリプトを書き込むことができるのは、src属性を指定していない場合に限られます。src属性を指定した場合は、要素内容は空にしておかなければなりません（コメントによる注意書きなどは入れられます）。

script要素に指定できる属性

・src="ファイルのURL"
　スクリプトを記述したファイルのURLを指定します。

- **type="MIMEタイプ"**
  スクリプト言語のMIMEタイプを指定できます。script要素はもともとJavaScript専用ではなく、JavaScript以外のスクリプト言語にも対応できるようになっているため、この属性が用意されています。この属性を指定しなかった場合は「text/javascript」が指定された状態となります。

- **charset="文字コード"**
  src属性で指定しているファイルの文字コードを示します。

`HTML`

```
01  <script src="js/example.js"></script>
02
03  <script>
04    ～スクリプト～
05  </script>
```

スクリプトは、このいずれかのパターンで記述する

スクリプトが動作しない環境向けには

スクリプトはすべてのユーザーの環境で動作するわけではありません。意図的にスクリプトが動作しないように設定している人もいますし、そもそもスクリプトが動作しない（一般的ではない）ブラウザを使用している人もいます。そのようなスクリプトが動作しない環境向けの内容を別途用意しておきたい場合には、**noscript要素**を使用します。この要素の要素内容は、スクリプトが動作する環境では無視されますが、動作しない環境においては有効となります。

noscript要素は、body要素内で使用できるだけでなく、head要素内で使用することも可能です。その場合は内容としてlink要素・style要素・meta要素が入れられます。

インラインフレーム

iframe要素を使用すると、Webページの中に別のWebページをインラインの状態で表示させることができます（iframeはinline frameの略です）。
要素内容は、インラインフレームが表示できないときに限り表示されます。この要素は、YouTubeの動画や一部の広告などをWebページに組み込む際に利用されています。

iframe要素に指定できる属性

- **src="ページのURL"**
  インラインフレームの中に表示させるページのURLを指定します。

227

iframe要素に指定できる属性(続き)

- **width="幅"**
  インラインフレームの幅をピクセル数（単位をつけない整数）で指定します。

- **height="高さ"**
  インラインフレームの高さをピクセル数（単位をつけない整数）で指定します。

- **name="フレーム名"**
  インラインフレームの名前を指定します。この名前は、リンク先を表示させるフレームとしてa要素のtarget属性の値などで指定できます。

```
HTML (index.html)  sample/1012/index.html
01  ...
02  <body>
03
04  <iframe src="index-2.html" width="250" height="150">
05  </iframe>
06
07  </body>
08  </html>
```

```
HTML (index-2.html)  sample/1012/index-2.html
01  ...
02  <body style="background: steelblue">
03
04  <p>
05  これは「index-2.html」の内容です。このページは、body要素にstyle属性を指定して、背景を青くしています。
06  </p>
07
08  </body>
09  </html>
```

上の「index.html」を表示させたところ。インラインフレームの内容として「index-2.html」が表示されている

228　Chapter 10　その他の機能とテクニック

Chapter 10-2

その他のプロパティ

続けて、ここまでに登場してこなかったプロパティを3つ紹介します。widthおよびheight プロパティで設定する幅と高さの適用範囲を変更するbox-sizingプロパティと、要素内容の前後にコンテンツを追加するcontentプロパティ、ブラウザが表示させる引用符の種類を設定するquotesプロパティです。

width・heightプロパティの適用範囲の変更

width プロパティと**height プロパティ**は、ボックスの「要素内容を表示する領域」の幅と高さを設定するプロパティです。これはCSS2.1では固定的な仕様となっていて変更はできませんでしたが、CSS3からはbox-sizingプロパティを使用することで変更可能となっています。

box-sizingプロパティの値には次のいずれかキーワードが指定できます。
初期値の「content-box」は、これまでどおりwidthとheightを「要素内容を表示する領域」に対して適用するキーワードです。これに対して、「border-box」を指定すると、widthとheightはボックスの「ボーダーの端までを含む範囲」に対して適用されるようになります(つまり、ボーダーとパディングも含む領域の幅や高さを指定したことになります)。
なお、この値はwidthプロパティとheightプロパティだけでなく、min-width・max-width・min-height・max-heightの各プロパティの適用範囲も変更します。

box-sizingに指定できる値

- content-box
   widthやheightプロパティで指定された値は、ボックスの「要素内容を表示する領域」の幅や高さに対して適用されます。

- border-box
   widthやheightプロパティで指定された値は、ボックスの「ボーダーの端までを含む範囲」の幅や高さに対して適用されます。

229

box-sizingに指定するキーワードによって、widthプロパティで指定された幅の適用範囲が変化する

> **HTML** sample/1020/index.html
>
> ```
> 01  <div id="d1">content-box</div>
> 02  <div id="d2">border-box</div>
> ```
>
> **CSS** sample/1020/styles.css
>
> ```
> 01  div {
> 02    margin: 50px auto 0;
> 03    padding: 0;
> 04    border: 50px solid #ddd;
> 05    width: 300px;
> 06    height: 200px;
> 07    color: #fff;
> 08    background: url(grid.gif);
> 09    font-size: xx-large;
> ```

230　Chapter 10　その他の機能とテクニック

```
10      font-weight: bold;
11    }
12    #d1 { box-sizing: content-box; }
13    #d2 { box-sizing: border-box; }
```

box-sizingプロパティの使用例

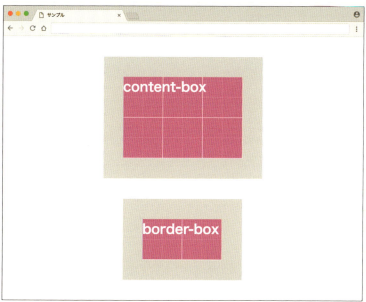

上のソースコードを表示させたところ

コンテンツの追加

contentプロパティを使用すると、HTML内には存在していないコンテンツをCSSで追加することができます。コンテンツは、セレクタの**::before疑似要素**または**::after疑似要素**を使用して、指定した要素内の内容全体の直前または直後に挿入されます。

追加するコンテンツは、displayプロパティを使用してインラインにでもブロックレベルにでもできます。次の値が指定できます。

contentに指定できる値

- テキスト
  コンテンツとして追加するテキストを二重引用符(")または一重引用符(')で囲って指定します。

- url(データのアドレス)
  コンテンツとして追加するデータ(画像など)のアドレスを指定します。

contentに指定できる値(続き)

- **attr(属性名)**
  このプロパティが指定された要素に、属性名で指定した属性が指定されている場合、その値をテキストとして追加します。

- **open-quote, close-quote**
  次に解説するquotesプロパティで設定されている引用符を追加します。

- **none**
  コンテンツを追加しません。

contentプロパティの使用例

上のソースコードを表示させたところ

引用符の設定

quotesプロパティは、contentプロパティで追加する引用符（open-quote、close-quote）を指定するプロパティです。引用部分の前につける記号と後につける記号を半角スペースで区切ってペアで指定します。さらに半角スペースで区切って記号のペアを指定することで、引用が入れ子になった場合に使用する記号をいくつでも指定できます（入れ子の深さに応じて、次々に右側のペアの記号が採用されます）。

quotesに指定できる値

- 文字列
  引用符として使用する記号を半角スペースで区切ってペアで指定します。さらに半角スペースで区切ってペアを指定しておくと、引用が入れ子になった場合の引用符として使用されます。

- none
  引用符を表示しません。

quotesプロパティの使用例

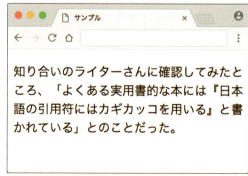

上のソースコードを表示させたところ

Chapter 10-3

clearfixについて

続けて、フロートの不都合を解消するために長く使われ続けてきたclearfixと呼ばれるCSSのテクニックについて説明しておきます。次のChapter 11で説明するフレキシブルボックスレイアウトやグリッドレイアウトが普及し始めている現在では、clearfixが必要とされる場面は少なくなってきています。しかし、この手法が必要となった背景を知ることで、フロートの特性と機能がより深く理解できるはずです。

フロートで不都合なこと

ここでは、フロートをクリアするための特殊なCSSのテクニック「clearfix」について説明します。
floatプロパティやclearプロパティは、もともと画像などの横にテキストを回り込ませる目的で用意されたものであるため、それを段組みのようにボックスを横に並べる目的で使用していると不都合が生じることがあります。
次の例を見てください。これはChapter 7で使った2段組みのサンプルをさらに単純にしたものです。

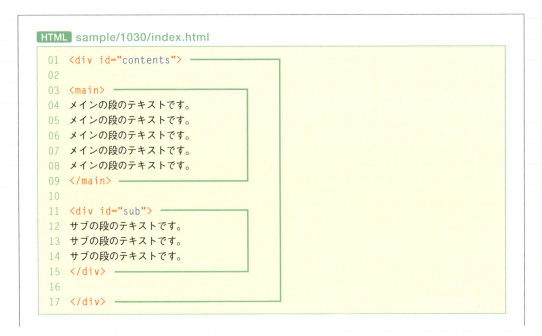

```css
CSS  sample/1030/styles.css
01  #contents {
02    margin: 0 auto;
03    width: 300px;
04  }
05
06  main {
07    float: right;
08    width: 200px;
09    color: #fff;
10    background: #fc0;    /* 黄色 */
11  }
12
13  #sub {
14    float: left;
15    width: 100px;
16    color: #fff;
17    background: #390;    /* 緑 */
18  }
```

シンプルな2段組みのソース例

上のソースコードの表示

では、#contentsに赤いボーダーを表示させて、全体を囲ってみましょう。CSSの#contentsに対する指定のところに、次のようにボーダーを表示させる指定を追加してください。

```css
CSS
01  #contents {
02    margin: 0 auto;
03    width: 300px;
04    border: 10px solid red;    ← 追加
05  }
```

全体を囲う#contentsに赤いボーダーを表示させる

ソースコードを保存してブラウザで最表示させると、ボーダーはこんな風に表示されてしまいました。なぜ、赤いボーダーは全体を囲うように表示されないのでしょうか？

#contentsに赤いボーダーを表示させたところ

フロートを指定した要素は親要素からはみ出す

実は、floatを指定した要素のボックスは、それを含む要素のボックスの高さとは無関係になって、そこからはみ出す仕様となっています。つまり、上のサンプルでは、#contentsの内容は2つともfloatが指定されているので#contentsからはみ出し、#contentsの高さは0になっているのです。

これは、画像の横にテキストを回り込ませるという本来の機能を考えると理解できます。

たとえば、下のスクリーンショットは、2つの段落のうち1つめの段落の先頭に画像を入れて、それに「float: right;」を指定したものです。ボックスの状態が分かりやすいように赤いボーダーとグレーの背景を指定しています。

赤いボーダーを指定した2つの段落があり、先頭の画像は右にフロートしている

では、このウィンドウを横に広げて、2つめの段落が画像の横に回り込む様子を見てみましょう。画像は1つめの段落のボックスをはみ出し、2つめの段落に入り込んでいます。ボックスの形状は常に四角形であるため、画像の横に後続のボックスのテキストを回り込ませるには、フロートした画像はこのようにボックスからはみ出る必要があるのです。

ウィンドウの幅を広げると画像は1つめの段落をはみ出し、2つめの段落に入り込む

clearプロパティを使用した場合の不都合

単純にコンテンツを2段組みにするだけであれば、このような仕様でも特に問題はないかもしれません。しかし、段組み部分を囲う親ボックスにボーダーを表示させたり背景を表示させたりして、その中にフロートさせた要素がすっぽりと収まるようにしたい場合には、ちょっと手間がかかります。

たとえば段組部分の親となっている要素の直後で（main要素の直後のfooter要素などで）フロートをクリアしても、フロートがはみ出す状態に変化はありません。フロートがその親要素からはみ出ないようにするためには、親要素の内部において、floatプロパティが指定されている要素よりも後にブロックレベル要素を追加して、その要素でフロートをクリアさせる必要があるのです（clearプロパティはブロックレベル要素にしか適用できない仕様となっています）。つまり、本来は必要のないブロックレベル要素を、表示方法の制御のために追加する必要があるということになります。もっとスマートな、CSSだけで完結するような方法はないのでしょうか？

chapter 10-3

237

フロートの不都合を解消する（1）

実はこの問題を解消するシンプルで簡単な方法があります。それは、フロートを含む親要素自体もフロートさせてしまうか、overflowプロパティで「visible」以外の値を指定することです。こうするだけで、フロートさせた要素の親要素は、フロートしたボックス全体を含むように拡張されるのです。

しかし、親要素もフロートさせるということは、場合によってはさらにそれをクリアする必要が出てきます。つまり、問題を一階層外側に追いやっただけの状態になる可能性があるということです。ですので、一般的にはフロートを使う方法はあまり利用されていません。

というわけで、たとえば次のサンプルのように「overflow: hidden;」を指定すればこの問題は解消できます。ただし、「overflow: hidden;」を指定するので当然のことではありますが、親要素からはみ出た部分は表示されなくなります。ですので、絶対配置や相対配置などであえて何かをはみ出させているようなレイアウトの場合には、この方法は使えないことになります。

CSS sample/1031/styles.css

```
01  #contents {
02    margin: 0 auto;
03    width: 300px;
04    border: 10px solid red;
05    overflow: hidden;     ←──── 追加
06  }
```

先程のサンプルに「overflow: hidden;」を追加した例

赤いボーダーが、フロートしたボックス全体を囲うようになっている

フロートの不都合を解消する（2）

そこで、副作用がなくいつでも安全に利用できる他の方法が考え出されました。フロートを含む親要素の最後の部分にCSSのcontentプロパティで空の文字列を挿入し、displayプロパティを使ってそれをブロックレベル要素にした上で、そこにclearプロパティを指定するという手法です。ただし、このテクニックが公開され話題となった2004年当時はブラウザのCSSへの対応がまだ不十分な時期で、単純にそれをおこなうだけでは期待どおりの表示にならないブラウザ（IE6やMac版IE5など）が多く存在していました。そのため、それらでうまく動作させるための裏技的手法（CSSハック）も組み合わせて使用されるようになり、多少難解なソースコードにはなったものの、最終的にはどのブラウザでもうまく機能するようになりました。それらの一連のソースコードがいわゆる「clearfix」と呼ばれるもので、長期にわたって使用されてきたために様々なバリエーションが存在しています。

clearfixの原型

clearfixは時代とともに変化してきましたが、その原型は次のようなものでした。

CSS

```
01  .clearfix:after {
02      content: ".";
03      display: block;
04      height: 0;
05      clear: both;
06      visibility: hidden;
07  }
08
09  .clearfix { display: inline-block; }
10
11  /* Hides from IE-mac \*/
12  * html .clearfix { height: 1%; }
13  .clearfix { display: block; }
14  /* End hide from IE-mac */
```

clearfixの原型。これだけでIE5（Mac版も含む）やNescape6、Opera6など、当時のほぼすべてのブラウザに対応していた

使用方法は、当時はフロートを含む親要素に「class="clearfix"」を直接指定して適用させるか、clearfixのソースコード内の「.clearfix」の部分を親要素に既に指定されているクラス名に置き換えて使用していました。

現在のclearfixのコード

clearfixの原型はとても長いものでしたが、時代とともにサポートする必要のなくなった古いバージョンのブラウザに対する処理がどんどん削られていき、最終的にはほぼ次のようなシンプルな形となっています（最終形においてもこれ以外のバリエーションが存在しています）。

CSS

```css
.clearfix:after {
  content: "";
  display: block;
  clear: both;
}
```

現代では不要となった裏技的指定が取り去られ、最終的にすっきりとしたclearfixの例

clearfixは現在、ブロックレベルのボックスを横に並べるにはフロートを使うしかなかった時代の過去のテクニックとなりつつあります。今なら、フロートを使うよりも簡単でしかも高機能なフレキシブルボックスレイアウトやグリッドレイアウトの機能が利用できるからです。これらについては、Chapter 11で詳しく解説します。

Chapter 10-4

メディアクエリー

「メディアクエリー」を使うと、出力する媒体や状態ごとに、適用するCSSを変えることができます。表示領域の幅などに応じてCSSを変えることができる便利な機能です。

メディアクエリーとは？

Chapter 4ではCSSの組み込み方を解説し、その中でlink要素やstyle要素にはmedia属性が指定できるという説明もしました。media属性は、CSSの適用対象とする出力媒体を限定したい場合に使用するもので、次の値が指定できます。

値	意味
all	すべての機器
screen	パソコン画面
print	プリンタ
projection	プロジェクタ
tv	テレビ
handheld	携帯用機器（画面が小さく回線容量も小さい機器）
tty	文字幅が固定の端末（テレタイプやターミナルなど）
speech	スピーチ・シンセサイザー（音声読み上げソフトなど）
braille	点字ディスプレイ
embossed	点字プリンタ

media属性に指定できる値。これによってCSSを適用する出力媒体を限定できる

CSS3での拡張点

CSS2.1で指定できるのはここまでだったのですが、CSS3からはこの機能が拡張されて、出力媒体の種類だけでなくその媒体の特性や状態を示す式も書き込めるようになっています。これによって、たとえばウィンドウの幅が640ピクセルよりも小さければこのCSSを適用し、640ピクセル以上であればこのCSSを適用する、といった指定が可能になります。このように、出力媒体の特性や状態を式にあらわして適用するCSSを指定できる機能のことをメディアクエリーと言います。

241

メディアクエリーの書き方

指定可能な出力媒体の特性（**メディア特性**）には右ページの表のものがあります。これらのメディア特性には、CSSのプロパティと同様の書式で値を指定して使います（値をつけずにメディア特性だけで指定できるものもあります）。値にはCSSで指定できるものと同じ単位が指定できます。たとえば、「min-width: 640px」のように書けば「表示領域の幅が640ピクセル以上」という意味になります。

出力媒体の指定

では、メディアクエリーの書き方について具体的に説明していきましょう。CSS2.1でも指定可能だった出力媒体は、たとえばlink要素やstyle要素のmedia属性で次のように指定しました。

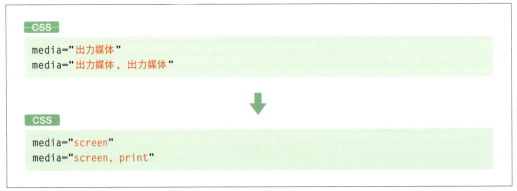

CSS2.1で可能だった範囲のmedia属性の指定方法と指定例

メディアクエリーを使用する場合は、出力媒体のあとに必要な数だけ「and (メディア特性: 値)」を追加して条件を加えていきます。すると、「出力媒体」と「メディア特性: 値」の式がすべて成り立つ場合にのみCSSが適用されることになります。もちろん、これまで同様にカンマで区切って複数の出力媒体（およびand (メディア特性: 値)）を指定することもできます。

メディア特性	説明	値
width min-width max-width	表示領域の幅　※スクロールバーも含む 表示領域の最小の幅（これ以上で適用） 表示領域の最大の幅（これ以下で適用）	実数＋単位 実数＋単位 実数＋単位
height min-height max-height	表示領域の高さ　※スクロールバーも含む 表示領域の最小の高さ（これ以上で適用） 表示領域の最大の高さ（これ以下で適用）	実数＋単位 実数＋単位 実数＋単位
device-width min-device-width max-device-width	出力機器の画面全体の幅 出力機器の画面全体の最小の幅（これ以上で適用） 出力機器の画面全体の最大の幅（これ以下で適用）	実数＋単位 実数＋単位 実数＋単位
device-height min-device-height max-device-height	出力機器の画面全体の高さ 出力機器の画面全体の最小の高さ（これ以上で適用） 出力機器の画面全体の最大の高さ（これ以下で適用）	実数＋単位 実数＋単位 実数＋単位
orientation	縦長・縦横同じ（portrait）／横長（landscape）	portrait, landscape
aspect-ratio min-aspect-ratio max-aspect-ratio	widthとheightの比率 widthとheightの最小の比率（これ以上で適用） widthとheightの最大の比率（これ以下で適用）	整数／整数　※例：4/3 整数／整数 整数／整数
device-aspect-ratio min-device-aspect-ratio max-device-aspect-ratio	device-widthとdevice-heightの比率 device-widthとdevice-heightの最小の比率（これ以上で適用） device-widthとdevice-heightの最大の比率（これ以下で適用）	整数／整数　※例：16/9 整数／整数 整数／整数
color min-color max-color	カラーコンポーネントのビット数 カラーコンポーネントのビット最小の数（これ以上で適用） カラーコンポーネントのビット最大の数（これ以下で適用）	整数 整数 整数
color-index min-color-index max-color-index	カラールックアップテーブルの色数 カラールックアップテーブルの最小の色数（これ以上で適用） カラールックアップテーブルの最大の色数（これ以下で適用）	整数 整数 整数
monochrome min-monochrome max-monochrome	モノクロのビット数 モノクロの最小のビット数（これ以上で適用） モノクロの最大のビット数（これ以下で適用）	整数 整数 整数
resolution min-resolution max-resolution	解像度 最小の解像度（これ以上で適用） 最大の解像度（これ以下で適用）	実数＋dpi, 実数＋dpcm 実数＋dpi, 実数＋dpcm 実数＋dpi, 実数＋dpcm
scan	テレビの走査方式	progressive, interlace
grid	ビットマップではないグリッド方式（文字幅固定の機器など）	整数

メディアクエリーで用意されているメディア特性

メディアクエリーを使用する場合の書式と指定例

@mediaについて

@mediaを使った書式を利用すると、CSSのソースコードの中に出力媒体とメディアクエリーの指定を書き込むことができます。こうすることで、特定の出力媒体が特定の状態になっている場合にのみ、その部分の指定を適用させることが可能になります。

```
01  @media 出力媒体 メディアクエリー {
02      セレクタ { プロパティ: 値; ・・・ }
03      セレクタ { プロパティ: 値; ・・・ }
04      セレクタ { プロパティ: 値; ・・・ }
05      ・・・
06  }
```

```
01  @media screen and (min-width: 640px) and (max-width: 800px) {
02      main { float: none; }
03      #sub { float: none; }
04      p { font-size: 13px; }
05  }
```

@mediaの書式と指定例。この例では、パソコン画面で表示領域の幅が640ピクセル以上800ピクセル以下の場合にのみ、{ }内のCSSが適用される

Chapter 10-5

スマートフォンの画面に対応させる

スマートフォンでも適切に表示させるための特別な指定を追加していないWebページは、スマートフォンで閲覧するとコンテンツが妙に小さく表示されたり、画像がぼやけて表示されたりします。ここでは、そのようになってしまう理由を解説し、意図したとおりに表示させるための指定方法を学習します。

Webページが小さく表示される理由とその対処法

それではさっそくメディアクエリーを使って、パソコン画面向けのCSSとスマートフォンのような小さな画面向けのCSSを別々に指定するサンプルを見てみましょう。

次のサンプルでは、表示領域の幅が1,000ピクセル以上のときにはコンテンツ（h1要素）の幅と高さを1000pxにして、表示領域の幅が999ピクセル以下のときはコンテンツの幅と高さを375pxにしています。h1要素にはbox-sizingプロパティが指定されており、その値が「border-box」となっているため、ボーダーまでを含めた範囲が指定した幅と高さに設定されます。また、contentプロパティを使用して、その状態での幅がテキストで表示されるようにもなっています。

HTML sample/1050/index.html

```
01  <h1>幅：</h1>
```

CSS sample/1050/styles.css

```
01  body {
02    margin: 0;
03  }
04  h1 {
05    margin: 0 auto;
06    padding: 0.5em;
07    box-sizing: border-box;
08    border: 20px solid #ddd;
09    color: #fff;
10    background-color: #936;
11  }
12  @media screen and (min-width: 1000px) {     /* 1000px以上のとき */
13    h1 {
```

chapter
10-5

245

```
14      width: 1000px;
15      height: 1000px;
16    }
17    h1::after {
18      content: "1,000ピクセル";
19    }
20  }
21  @media screen and (max-width: 999px) {      /* 999px以下のとき */
22    h1 {
23      width: 375px;
24      height: 375px;
25    }
26    h1::after {
27      content: "375ピクセル";
28    }
29  }
```

表示領域の幅が1,000ピクセル以上か未満かで適用されるCSSを切り替える例

このサンプルをブラウザで表示させ、ウィンドウの幅を広くしたり狭くしたりしてみると次のようになります。ウィンドウの幅が1,000ピクセルよりも狭くなると、適用されるCSSが瞬時に切り替わり、表示は一瞬で変化します。幅の狭い状態から広くしたときも同様です。

ウィンドウの幅を1,000ピクセル以上にした状態

ウィンドウの幅を999ピクセル以下にした状態

パソコンのブラウザではメディアクエリーは問題なく機能し、指定したとおりの表示結果が得られました。

同じサンプルをスマートフォンで表示させるとどうなるか

では次に、前ページのサンプルをスマートフォンで表示させるとどうなるかを確認してみましょう。実を言うと、前のサンプルで表示領域の幅が999ピクセル以下のときのコンテンツの幅を375pxにしたのは、iPhone 6〜8の画面の幅がそのサイズだからなのです（つまりiPhone 6〜8で見るとコンテンツが横幅ぴったりで表示されるはずです）。

ところが、実際にiPhone 8で表示させてみると、右のようになりました。本来なら画面の幅いっぱいに、ぴったりのサイズで表示されるはずのコンテンツが、何もしていないのにこのように小さく表示されてしまったのです。何が原因でこのようになるのでしょうか？

前ページのサンプルをiPhone 8で表示させたところ。何もしていないのに縮小表示される

スマートフォンでは幅980ピクセル分が縮小表示される

実はほとんどのスマートフォンのブラウザは、実際の表示領域の幅に合わせて表示するのではなく、表示領域の幅が980ピクセルあるものとしてWebページを表示させます（結果としてWebページはパソコンで見たときと同様のものが縮小表示されることになります）。

もしこのような仕組みになっていなければ、スマートフォン向けに作られていない（パソコンで見ることを前提として作られた）Webページを見た場合は、まず最初にページ左上のごく一部（幅300〜400ピクセル分）しか表示されないことになります。レイアウトによってはサイトのロゴやナビゲーションの一部くらいは見えるかもしれませんが、そのページの大部分は見えない状態になっているはずです。ページ全体の内容を把握したいユーザーの多くは、結局は画面を縮小して全体を確認することになるでしょう。でもそうであれば、最初から縮小された状態で全体を示した方がユーザーにとっては利便性が高いということになります。

現在作られているWebページの多くはスマートフォン向けのレイアウトも用意されていますが、スマートフォンが登場した当時はそのようなサイトはほとんどなく、現在でもスマートフォン向けのレイアウトが用意されていないページは存在しています。そのようなサイトでも無駄な操作をすることなく閲覧できるようにするために、スマートフォンのブラウザの多くは最初からページ全体を縮小して表示する仕様になっているわけです。

縮小しないで実サイズで表示させる方法

しかしそのような仕様になっていると、スマートフォン向けのレイアウトを用意しているWebページでは逆に困ってしまうことになります。せっかくスマートフォンの幅に合わせて作成したレイアウトまでもが縮小表示されてしまうからです。そこでWebページを最初から実寸で表示させることも可能となるように、表示させる幅や拡大縮小率などをmeta要素で設定できるようになっています（これは元々はAppleのSafariの仕様でしたが、現在では多くのブラウザがサポートしています）。

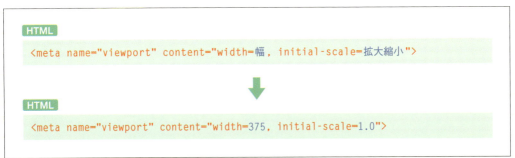

初期状態での幅や拡大縮小率を指定するmeta要素の書式。この例では初期状態で幅375ピクセル分を表示させ、拡大縮小率は1.0（拡大も縮小もしていない状態）に設定している

初期状態の幅は、上のようにピクセル数で指定することも可能ですが、スマートフォンの画面の幅は機器ごとに異なっています。
そこで、「その機器ごとの画面の幅のピクセル数にする」という意味のキーワード「device-width」も指定できるようになっています。

```
HTML  sample/1051/index.html
<meta name="viewport" content="width=device-width, initial-scale=1.0">
```

「device-width」というキーワードを指定すると、機器ごとの幅で（つまり実寸で）表示されるようになる

このmeta要素の指定を最初のサンプルに加えることで、iPhone 8での表示結果は次のように変わります。

最初のサンプルに前ページのmeta要素を加えたあとの表示結果。横幅ピッタリで表示されている

出力先に合わせて異なるサイズの画像を表示させる方法

従来のパソコン画面の解像度は長いあいだ96ppi[※1]程度でした。ところが、2010年にAppleが発表したiPhone 4の画面（Retinaディスプレイ）の解像度は、一気にその倍以上になりました[※2]。そしてそれ以降、さらに高い解像度の機器もどんどん登場しています（パソコンのディスプレイでも同様に高解像度のものが増えています）。

写真をきれいに印刷するには、96ppiの画面で見るときに必要となるサイズよりも大きな画像が必要になるのと同じ理屈で、高解像度の画面で画像をきれいに表示させる場合にも大きな画像が必要となります。

話をわかりやすくするため、従来からの画面を100ppi、高解像度の画面を200ppiとして考えてみましょう。100ppiの画面にある物理的なピクセルと200ppiの画面にある物理的なピクセルの大きさは次の図のようになります。

chapter 10-5

※1　ppi は pixel per inchの略です。したがって96ppiとは、1インチの幅に物理的なピクセルが96個入っている画面ということになります。この場合、ピクセル1つの大きさは1/96インチです。

※2　画面の物理的な1ピクセルの大きさは一般に、近くで見るために作られた画面ほど小さく、遠くで見るための画面ほど大きくなります。そのため、基本的にスマートフォンの1ピクセルはパソコン画面の1ピクセルよりも小さいので、それらを単純に比較することはできません。実際のところ、パソコン画面の解像度とスマートフォンの画面の解像度を比較すると、スマートフォンの解像度は数字の上では2倍をはるかに越えて、3倍以上となっています。

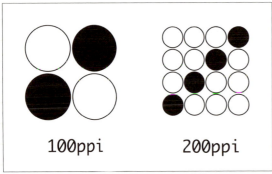

100ppiと200ppiの画面の物理的なピクセルの比較

解像度(ppiで示す数値)が2倍になると、1つの物理的なピクセルの大きさは半分になり、必要なピクセル数は縦横2倍になります。

ここで、縦横2ピクセルのビットマップ画像があったとします。100ppiの画面では、画像の1ピクセルをそのまま画面のピクセルにあてはめて表示するだけでOKです。しかし200ppiの画面では、1ピクセルをそのまま画面のピクセルにあてはめて表示させると、表示される画像の大きさが半分になってしまいます。100ppiの画面と同じ大きさで表示させるには、元の画像を引き延ばすなどして足りないピクセル分のデータを補わなければなりません。結果として、画像からはシャープさが失われ、ぼやけたような状態で表示されることになります。

このことから、もし200ppiの画面できれいに表示させようと思ったら、縦横2倍のサイズの(縦横4ピクセルの)画像が必要となることがわかると思います。300ppiできれいに表示させるのなら、同様に縦横3倍の画像が必要となります。

100ppiの画面を基準として考えた場合、この200ppiの画面は「ピクセル密度が2倍」であるとも表現します。300ppiであれば「ピクセル密度が3倍」となります。この「ピクセル密度」という用語は、このあとに説明する属性を指定する際にも登場しますので、しっかりと覚えておいてください。

スマートフォンでの画像表示の確認

それでは、ピクセル密度が2倍の画面において、通常サイズの画像と縦横2倍サイズの画像が具体的にどのように表示されるのかを見てみましょう。

HTML sample/1052/index.html

```
01  <p>
02    <img src="logo200.png" width="200" height="100" alt="">  <!-- 200×100の画像 -->
03  </p>
04  <p>
05    <img src="logo400.png" width="200" height="100" alt="">  <!-- 400×200の画像 -->
06  </p>
```

200×100ピクセルの画像(logo200.png)と400×200ピクセルの画像(logo400.png)を、どちらも200×100ピクセルの大きさで表示させている例

このサンプルをピクセル密度が2倍のiPhone 8で表示させると次のようになります。上が200×100ピクセルの画像で、下が400×200ピクセルの画像です。2つを比較してみると、上の画像の方が輪郭がぼやけていることがわかります。

2倍サイズではない上のロゴ画像はぼやけた状態となっている

ピクセル密度に合った画像だけを読み込ませる方法

それでは、img要素で指定する画像は常に2倍サイズのものを使用すればいいのかと言えば、そういうわけでもありません。たとえばiPhone 8 Plusのピクセル密度は2.6倍ですし、iPhone Xなら3倍です。それらを考慮に入れるのであれば、img要素には3倍サイズの画像を指定することになります。しかし、もしそのようにすれば、ピクセル密度が1倍・2倍・2.6倍の機器のユーザーは、常に不必要に大きな画像データを無駄に読み込まされることになります。

そのような問題を解決するために、HTML 5.1 からはimg要素に新しく**srcset属性**が追加されました。これを使用することで、ピクセル密度別に用意した大きさの異なる画像をカンマ区切りで列挙して指定できます。そして、そのWebページを表示させる機器のピクセル密度に合った画像だけを読み込ませることができるのです。

srcset属性には、値として「画像のURL」を指定するだけでなく、半角スペースで区切って「その画像が何倍のピクセル密度向けであるのか」も示します。ピクセル密度は数値に半角小文字の「**x**」をつけてあらわし

251

ます。「2x」や「3x」のほか、「2.6x」のように小数を指定することもできます。srcset属性には、このような<u>URLとピクセル密度を示す書式のセット</u>をカンマで区切っていくつでも指定できます。

srcset属性の書式と指定例

このとき、ピクセル密度が1倍の画像については、これまで通り<u>src属性</u>の方に指定します。こうすることで、srcset属性に未対応のブラウザでも、最低限ピクセル密度1倍の画像は表示できることになります。

上のサンプルをiPhone 8で表示させたところ

252　Chapter 10　その他の機能とテクニック

ピクセル密度ではなく画像サイズを指定する方法

srcset属性では、「2x」や「3x」といったピクセル密度を指定する代わりに、「800w」や「1200w」のようにして**画像の実際の幅（ピクセル数）**を指定することもできます。img要素にはwidth属性がありますが、width属性はあくまでも何ピクセルの幅で表示させるのかを指定する属性です。それに対してsrcset属性では**画像の実サイズの横幅**を指定します。これによって、ブラウザは画像ファイルを読み込むことなく画像の幅がわかるようになり、複数用意された画像のうちどれを使うのが最適なのか判断できるようになります。この方法は主に、画像の表示サイズが可変である場合に使用されます。

srcset属性の別の書式と指定例

「2x」のようにピクセル密度を指定した場合は、1倍の画像のみsrc属性に指定しました。しかし「800w」のように画像の実際の幅を指定する場合には、用意してあるすべての画像をsrcset属性に指定する必要があります。src属性には「800w」のような幅は記述できないからです。そこで、すべての画像をsrcset属性内に「○○w」とともに記述し、その中の1つのファイルを重複してsrc属性にも指定します。このsrc属性の値は、srcset属性に未対応のブラウザでのみ使用され、srcset属性に対応したブラウザはsrc属性を無視します。

上のサンプルでは、ここで初登場の**sizes属性**も指定されています。この属性は簡単に言ってしまえば**画像の表示幅を指定する属性**なのですが、width属性とは次のような点で異なります。

- CSSの単位をつけて指定する
- CSSの「calc( )」などの関数が使用できる
- メディアクエリの( )で示す条件と組み合わせて複数の幅が指定できる

詳しくはこのあとのコラムで説明しますが、上のサンプルで指定している「sizes="100vw"」という指定は、「**表示領域全体の幅の100%で表示**」という意味です。

上のサンプルをブラウザで表示させ、表示領域の大きさを変更すると、表示される画像も変化します（画像が切り替わったことがわかるように、各画像には縦横のピクセル数を記入してあります）。

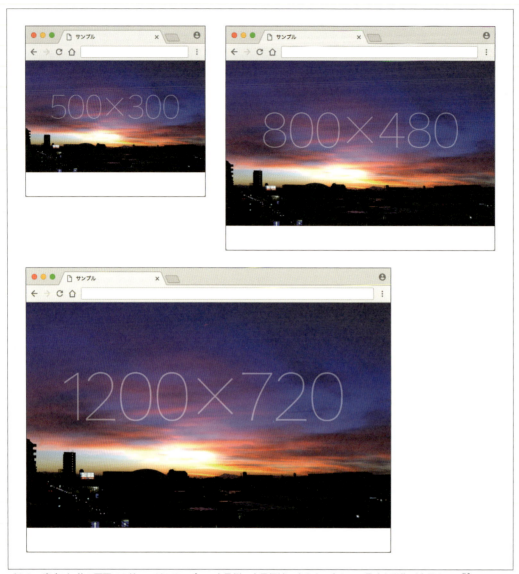

ピクセル密度が1倍の画面での前ページのサンプルの表示例。表示領域の大きさに合わせて最適な画像が表示される[3]

※3 Google Chromeのバージョン70では、新しいウィンドウを開いてそのサイズを最も小さい状態にしてからサンプルを読み込ませ、そこからウィンドウを徐々に大きくしていくと画像が上のように切り替わります（ウィンドウが大きい状態でファイルを開くと画像は上のようには切り替わりません）。また、Firefoxのバージョン63ではウィンドウの初期状態にかかわらず画像は上のように切り替わりますが、Safariのバージョン12ではウィンドウのサイズを変更後に再読み込みをしなければ画像は切り替わりません。このように、2018年10月の時点では一度ファイルを開いてからウィンドウサイズを変更したときの挙動はブラウザによって異なっています。とはいえ、途中でウィンドウサイズを変更しなければ、どのブラウザでも適切な画像が表示されます。

COLUMN

sizes属性の指定方法

sizes属性には、CSSの単位をつけた数値を単体で指定できるだけでなく、「メディアクエリーの( )で示す条件」と「表示させる幅」を半角スペースで区切ったものを、カンマ区切りで必要なだけ指定できます。その場合、それらの条件のうち最初に合致したものとセットになっている幅で表示されることになります。最後に条件をつけないで幅だけを指定しておくと、どの条件にも合わなかった場合にその幅で表示されます。

```
<img sizes="(max-width: 799px) 100vw, (max-width: 1199px) 800px, 1200px"
srcset="a.jpg 500w, b.jpg 800w, c.jpg 1200w, d.jpg 2400w" src="b.jpg"
alt="">
```

単位「vw」は、viewport と width の頭文字をとったもので、表示領域全体の幅の何パーセントであるのかを示す単位です。したがって、100vwであれば表示領域の横幅いっぱい(100%)、50vwであれば表示領域のちょうど半分の幅(50%)となります。

また、sizes属性で幅を指定する際には、次のようにCSS3の calc( ) 関数が使用できます。この例では、1200ピクセルから2vwを引いた値が幅となります。

```
<img sizes="(max-width: 799px) 100vw, (max-width: 1199px) 800px, calc(1200px
- 2vw)" srcset="a.jpg 500w, b.jpg 800w, c.jpg 1200w, d.jpg 2400w" src="b.
jpg" alt="">
```

calc( ) 関数の( )内には、単位をつけない数値も指定でき、そのような数値を単体もしくは「*(掛ける)」または「/(割る)」で区切ってセットにしたものを、「+(足す)」または「-(引く)」で必要なだけ連結させて指定できます。

```
calc(33vw - 100px)
calc(100vw/3 + 80px)
calc(100vw/3 + 80px - 2*1rem)
```

chapter
10-5

条件に合致したときに使う画像について詳細に指定する方法

sizes属性を使うと、メディアクエリーの条件に合致したときの表示幅が指定できます。しかし、条件に合致したときに使用する画像ファイルまでは指定できません。たとえば、スマートフォン用とパソコン用では異なる画像（たとえばトリミングの仕方を変えた画像など）を表示させたいような場合には、それでは困ってしまうことになります。

メディアクエリーの条件ごとに使用する画像やそれがどのピクセル密度向けか、といった情報を細かく指定したい場合には、次のように picture要素の中に source要素と img要素を入れて使用します。

```
HTML   sample/1055/index.html
01  <picture>
02    <source media="(min-width: 1200px)" srcset="pic1200.jpg, pic2400.jpg
      2x">
03    <source media="(min-width: 800px)" srcset="pic800.jpg, pic1600.jpg
      2x">
04    <img src="pic500.jpg" srcset="pic1000.jpg 2x" alt="写真：ホタルブクロ">
05  </picture>
```

```
CSS   sample/1055/styles.css
01  body {
02    margin: 0;
03  }
04  img {
05    display: block;
06    margin: 0 auto;
07  }
08
09  @media screen and (min-width: 1200px) {
10    img { width: 1200px; }
11  }
12
13  @media screen and (min-width: 800px) and (max-width: 1199px) {
14    img { width: 800px; }
15  }
16
17  @media screen and (max-width: 799px) {
18    img { width: 100vw; }
19  }
```

picture要素とsource要素の使用例

source要素は、picture要素内にいくつでも配置でき、media属性で条件が指定できます。それらの条件のうち、最初に合致したsource要素だけが有効となる仕組みになっています。source要素には、img要素と同様にsrcset属性とsizes属性が指定できます[4]。srcset属性の値のうち、「○x」も「○○○w」もつけられていない画像ファイルは、「1x」として処理されます。

picture要素内の最後には、必ずimg要素を1つだけ配置する決まりになっています。そうすることで、どの条件にも合致しなかったときに表示させる画像として機能させられるだけでなく、picture要素とsource要素に未対応の環境でも画像が表示されるようになります。

前ページのサンプルをブラウザで表示させ、表示領域の幅を変更すると、表示される画像も次ページのように変化します（画像が切り替わったことがわかるように、各画像には縦横のピクセル数を記入してあります）。これらのスクリーンショット画像はピクセル密度が2倍のパソコン画面で撮ったものなので、どれも「2x」で指定した方の画像[5]が表示されています。

※4　picture要素内に配置されたsource要素には、src属性は指定できない点に注意してください。同じsource要素でも、video要素またはaudio要素内に配置されたsource要素には、src属性が指定できる仕様となっています。

※5　画像ファイルの名前の「pic」のあとの数字は、画像の横幅のピクセル数をあらわしています。

指定した条件に合わせて適切に画像が切り替わっている

Chapter 11

フレキシブルボックスと
グリッド

数年前までの Web デザインでは、ブロックレベル要素を横に並べよう
と思ったら float を使うのが主流でした。しかし現在では、float より
も簡単で便利なフレキシブルボックスレイアウトがその座を奪いつつあ
り、それと同時にグリッドレイアウトも利用されはじめています。この
Chapter では、それらの新しいレイアウト手法について説明します。

Chapter 11-1

フレキシブルボックスレイアウトの基本

ある要素をフレキシブルボックスにすると、その子要素のボックスを縦にでも横にでも、さらにはその逆順や自由な順序で、まさにフレキシブルに並べることができます。しかもその指定方法はとても簡単です。

ブロックレベル要素を横に並べる簡単な方法

ここではまず、Chapter 7の「フロートによる3段組みレイアウト」で使用したのとほぼ同じサンプルを使用して、floatプロパティを使用せずに、**フレキシブルボックスレイアウト**で3段組みを実現させてみます。

子要素を横に並べる

フレキシブルボックスレイアウトで3段組みにする前の段階のソースコードは次のとおりです。この状態からmain要素とその直後にある2つのdiv要素を横に並べます。これら3つの要素には、それぞれ幅と文字色、背景色だけが指定されています。

HTML sample/1110/index.html

```
01  <div id="page">
02    <header>ヘッダー</header>
03    <main>
04      メインの段のテキストです。
05      メインの段のテキストです。
06      メインの段のテキストです。
07      メインの段のテキストです。
08      メインの段のテキストです。
09      メインの段のテキストです。
10      メインの段のテキストです。
11    </main>
12    <div id="sub1">
13      サブ1の段のテキストです。
14    </div>
15    <div id="sub2">
16      サブ2の段のテキストです。
```

260   **Chapter 11**   フレキシブルボックスとグリッド

```
17    </div>
18    <footer>フッター</footer>
19  </div>
```

CSS sample/1110/styles.css

```
01  #page {
02    margin: 0 auto;
03    width: 400px;
04  }
05
06  main {
07    width: 200px;
08    color: #888;
09    background: #eee;  /* 薄いグレー */
10  }
11
12  #sub1 {
13    width: 100px;
14    color: #fff;
15    background: #390;  /* 緑 */
16  }
17
18  #sub2 {
19    width: 100px;
20    color: #fff;
21    background: #fc0;  /* 黄色 */
22  }
23
24  header, footer {
25    text-align: center;
26    color: #fff;
27    background: #bbb;
28  }
```

Chapter 7の「フロートによる3段組みレイアウト」で使用したのとほぼ同じサンプル。floatとclearプロパティは取り除いてある

フレキシブルボックスレイアウトで要素を横に並べる場合、横に並べる要素だけを含んだ状態の親要素が必要になります※。

前ページのサンプルでは、コンテンツ全体を囲うdiv要素（id="page"）はあるのですが、これにはheader要素とfooter要素も入っているため、これとは別に「main要素とその直後の2つのdiv要素」だけを含むdiv要素（id="contents"）を追加します。

※ 実際には、他のプロパティを組み合わせて使用することで、この親要素がなくてもフレキシブルボックスレイアウトで要素を横に並べることができます。その方法については、このあとの「横に並べた要素を複数行にする（p.265）」で説明します。

現段階でのサンプルの表示。main要素とその直後の2つのdiv要素には、幅・文字色・背景色しか指定していない

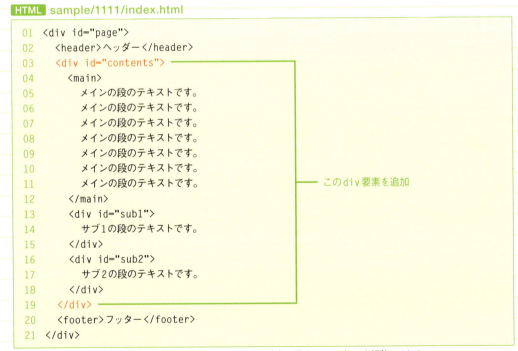

横に並べたい要素だけを囲うdiv要素を追加。これに伴って、その内部の要素のインデントも調整してある

では、今追加したdiv要素（id="contents"）に、次のCSSを指定します。インライン要素をブロックレベル要素のように表示させたり、その逆にしたりするときに使用したdisplayプロパティの値に「flex」と指定するだけです。

```css
01  #page {
02      margin: 0 auto;
03      width: 400px;
04  }
05
06  #contents {
07      display: flex;
08  }
09
10  main {
11      width: 200px;
12      color: #888;
13      background: #eee;   /* 薄いグレー */
14  }
15
16  #sub1 {
17      width: 100px;
18      color: #fff;
19      background: #390;   /* 緑 */
20  }
21
22  #sub2 {
23      width: 100px;
24      color: #fff;
25      background: #fc0;   /* 黄色 */
26  }
27
28  header, footer {
29      text-align: center;
30      color: #fff;
31      background: #bbb;
32  }
```

06〜08 追加

横に並べたい要素を囲ったdiv要素に「display: flex;」を指定

実はもうこれだけでフレキシブルボックスレイアウトになっています。このサンプルをブラウザで表示させると右のようになります。

要素が横に並んだだけでなく、それらの要素の高さが揃っている点にも注目してください。フレキシブルボックスレイアウトでは、特に何もしなくてもこのように最初から高さが揃う仕様となっています。

「display: flex;」を指定しただけでその内部の要素が横に並んだ

子要素の順番を変える

前ページのサンプルでは3段組みにはなったものの、その表示順は<u>ソースコードに書き込まれている順番</u>で左から並べられた状態となっています。フレキシブルボックスレイアウトでは、この順番を入れ替えるのも簡単です。

実はフレキシブルボックスレイアウトでは、そのものズバリの「**order（順番）**」という名前のプロパティが用意されており、そこに整数で順番を指定するだけで順序が入れ替えらえるようになっています。初期値は「0」で、それよりも前に移動させられるようにマイナスの値も指定できます。

orderプロパティの値は「何番目に配置するか」をあらわしているのではなく、「<u>相対的な位置関係</u>」をあらわします。簡単に言えば値の小さいものほど左側に表示されるということです。値の数字が同じであれば、ソースコードでの出現順に左から並びます。

それでは、次のように順番を指定してみましょう。#sub1を1番目、main要素を2番目、#sub2を3番目にします。

CSS sample/1112/styles.css

```
01  main {
02    order: 2;
03    width: 200px;
04    color: #888;
05    background: #eee;  /* 薄いグレー */
06  }
07
08  #sub1 {
09    order: 1;
10    width: 100px;
11    color: #fff;
12    background: #390;  /* 緑 */
13  }
14
15  #sub2 {
16    order: 3;
17    width: 100px;
18    color: #fff;
19    background: #fc0;  /* 黄色 */
20  }
```

順番を指定するorderプロパティでそれぞれの順序を指定

ブラウザで表示させると、次のようにmain要素が真ん中に移動しています。orderプロパティを使えば、たとえば#sub1と#sub2を入れ替えるのも簡単です。

264   **Chapter 11**   フレキシブルボックスとグリッド

main要素が真ん中になった

#sub1と#sub2を入れ替えた状態。orderプロパティの数字を変えるだけで簡単に順番が変更できる

横に並べた要素を複数行にする

とても簡単で自由度の高いフレキシブルボックスレイアウトですが、これを行うためにわざわざdiv要素を追加する必要があった点が残念だったと感じた方もいたことでしょう。しかし実際には、あのdiv要素は追加しなくてもフレキシブルボックスレイアウトによる3段組みは実現できます。

フレキシブルボックスレイアウトは複数行にできる

最初のサンプルのHTMLに手を入れることなくフレキシブルボックスレイアウトによる3段組みを実現させるには、`flex-wrap`というプロパティを使用します。長いテキストが領域内の右端で折り返されるのと同じように、横に並んだ状態のボックスを領域内の右端で折り返させて、複数行で表示させるプロパティです。

`flex-wrap`プロパティの値にキーワード「`wrap`」を指定すると、横に並んだボックスは領域内の右端で折り返されるようになります。初期値は「`nowrap`」で、折り返さずに一行で表示される状態となっています。

そのほかに「wrap-reverse」という値も指定でき、それを指定するとボックスは右から左方向へと逆順に並び、左端で折り返されるようになります。

余分なdiv要素を追加せずに3段組みを実現させるための最終的なソースコードは次のようになります。flex-wrapプロパティ以外にも、赤で示した指定が必要となります。

HTML sample/1113/index.html

```
01  <div id="page">
02    <header>ヘッダー</header>
03    <main>
04      メインの段のテキストです。
05      メインの段のテキストです。
06      メインの段のテキストです。
07      メインの段のテキストです。
08      メインの段のテキストです。
09      メインの段のテキストです。
10      メインの段のテキストです。
11    </main>
12    <div id="sub1">
13      サブ1の段のテキストです。
14    </div>
15    <div id="sub2">
16      サブ2の段のテキストです。
17    </div>
18    <footer>フッター</footer>
19  </div>
```

CSS sample/1113/styles.css

```
01  #page {
02    margin: 0 auto;
03    width: 400px;
04    display: flex;
05    flex-wrap: wrap;
06  }
07
08  header, footer {
09    text-align: center;
10    color: #fff;
11    background: #bbb;
12    width: 400px;
13  }
14
15  main {
16    order: 2;
17    width: 200px;
18    color: #888;
19    background: #eee;   /* 薄いグレー */
```

266　**Chapter 11**　フレキシブルボックスとグリッド

```
20  }
21
22  #sub1 {
23    order: 1;
24    width: 100px;
25    color: #fff;
26    background: #390;   /* 緑 */
27  }
28
29  #sub2 {
30    order: 3;
31    width: 100px;
32    color: #fff;
33    background: #fc0;   /* 黄色 */
34  }
35
36  footer {
37    order: 4;
38  }
```

HTML側にdiv要素を追加せずに、CSSだけでフレキシブルボックスレイアウトによる3段組みを実現させるには、「display: flex;」のほかに赤で示した指定を追加する必要がある

flex-wrapプロパティ以外の赤で示した指定がなぜ必要になるのかを理解するために、上の赤で示した指定が未入力の状態からレイアウトがどのように変化していくのかを、順を追って見てみましょう。

まずは上の赤で示した指定がすべて未入力の状態のスクリーンショットです。#pageに「display: flex;」を指定しているので、ヘッダーからフッターまでがすべて横に並んでいる状態となっています。

赤で示した指定がすべて未入力の状態での表示

それでは#pageに「flex-wrap: wrap;」を指定してみましょう。
widthプロパティで指定している幅よりも狭くなって無理やり1行に詰め込まれていたボックスが広がり、右側で折り返された状態になりました。

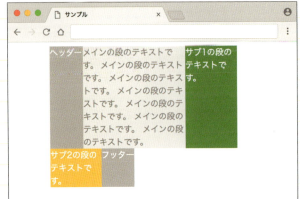

右側で折り返された

ヘッダーとフッターにはまだ幅を指定していないので、ここでそれらに対して「width: 400px;」を追加します。するとヘッダーとフッターは幅いっぱいに表示されるようになり、main要素と#sub1、#sub2が横に並びました。

ヘッダーとフッターに「width: 400px;」を指定して幅いっぱいに表示させる

3段組み部分の順番を変更するためにorderプロパティを指定します。#sub1を「1」、main要素を「2」、#sub2を「3」にします。

orderプロパティで3段組み部分の順番を変更する

フッターが3段組み部分の上に移動してしまいました。orderプロパティの初期値は「0」なので、「1」「2」「3」よりも前に表示されてしまったのです。フッターの順番を「4」以降にすることで、フッターが最後に表示されるようになります。

フッターに「order: 4;」を指定すると、フッターの位置が元に戻る

余分なdiv要素を追加しない「フレキシブルボックスレイアウトによる3段組み」はこのようにして実現できます。

Chapter 11-2

フレキシブルボックスレイアウト関連の
その他のプロパティ

ここまでは、幅が固定されているタイプのレイアウトのサンプルで説明してきましたが、現在のWebページの多くは幅が可変で、それに合わせてレイアウトも変化します。ここでは、そのようなページを作る際に役立つフレキシブルボックスレイアウト関連のプロパティを紹介します。

横並びと縦並びを切り替えるプロパティ

flex-directionプロパティ

「display: flex;」を指定すると、その要素の子要素は左から右へと横に並びます。しかし、これはあくまで初期状態でそうなる仕様となっているだけで変更することも可能です。フレキシブルボックスレイアウトでの、ボックスの並ぶ方向を変更するには**flex-directionプロパティ**を使用します。値には次のキーワードが指定できます。

flex-directionに指定できる値

- row
    左から右への横並びにする（初期値）

- column
    上から下への縦並びにする

- row-reverse
    右から左への横並びにする

- column-reverse
    下から上への縦並びにする

具体的にどのような表示になるのかサンプルで見てみましょう。ソースコードは次の通りです。

270　**Chapter 11**　フレキシブルボックスとグリッド

```
HTML  sample/1120/index.html
01  <div>
02    <section id="s1">1</section>
03    <section id="s2">2</section>
04    <section id="s3">3</section>
05  </div>
```

```
CSS  sample/1120/styles.css
01  body { margin: 0; }
02  div {
03    display: flex;
04    flex-direction: row;
05  }
06  section {
07    padding: 1em;
08    color: #fff;
09    text-align: center;
10    font-size: 50px;
11  }
12  #s1 { background: #e6d; }
13  #s2 { background: #ddd; }
14  #s3 { background: #69e; }
```

flex-directionプロパティを使用したサンプル。値のキーワードを変更するとボックスの並ぶ方向が変化する

このサンプルのflex-directionプロパティの値を変更すると、子要素の並び方は次のように変化します。

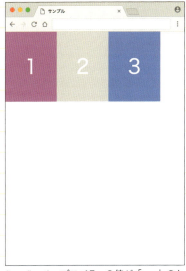
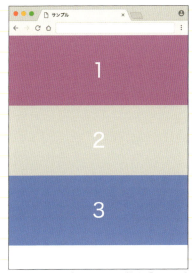

flex-directionプロパティの値が「row」のときの表示

flex-directionプロパティの値を「column」にしたときの表示

flex-directionプロパティの値を「row-reverse」にしたときの表示

flex-directionプロパティの値を「column-reverse」にしたときの表示

COLUMN

rowは横並びでcolumnは縦並びとは限らない!?

本書では話を簡単にして理解しやすくする目的で、「rowは横並び」「columnは縦並び」のように説明していますが、flex-directionプロパティに関しては実際にはそうならない場合もあります。実は、writing-modeプロパティで縦書きにしている状態においては、「rowが縦並び」「columnが横並び」となる仕様になっているからです。さらに、横書きの場合においても、文字表記の方向が「左から右」なのか「右から左」なのかによって、要素を並べる際の順番が逆になります。

「flex-direction: row;」の機能を正確に言いあらわすと、「左から右への横並びにする」のではなく「インライン要素のテキストの進行方向に並べる」ということになります。ただし、日本語環境において一般的なWebページを制作している状況においては、インライン要素は左から右へと進む状態になっていることがほとんどだと思われますので、本書ではわかりやすさを優先して「rowは左から右への横並び」「columnは上から下への縦並び」のように説明しています。この説明は縦書きの場合には当てはまらないのだということは、しっかりと覚えておいてください。

並べた子要素の幅をフレキシブルに変化させる

ひとつ前のサンプルでは、子要素を横に並べたときに横に空きスペースができていました。フレキシブルボックスレイアウトでは、このように横に並べた子要素全体の幅の合計が親要素の幅に満たない場合に、子要素の幅をそのままにしておくのか空きスペースを埋めるように広げるのかを子要素ごとに設定できます。

またその際、逆に親要素の幅が狭くて子要素が入りきらない場合に、子要素の幅を縮めるのか縮めないのかも設定できます。

flexプロパティ

flexプロパティを使用すると、親要素の幅に対して子要素の幅をどう変化させるかを子要素ごとに指定できます。flexプロパティに指定可能な主な値は次のとおりです。

flexに指定できる値

- `auto`
  親要素の内部に空きができないように、子要素の幅を拡張させます。逆に子要素が親要素の幅に入りきらない場合は、子要素の幅を縮小します。

- `none`
  子要素の幅は固定され、拡張も縮小もされなくなります。

- 実数
  子要素の幅は、親要素の幅全体のこの実数の比率分の幅になります。たとえば親要素の幅が300pxで、各子要素に「flex: 1;」「flex: 2;」「flex: 3;」と指定した場合、子要素の幅は「50px」「100px」「150px」となります（親要素の幅が1:2:3の比率で子要素に配分されます）。

ではflexプロパティによって子要素の幅がどのように変化するのかを実際のサンプルで見てみましょう。使用するのは1つ前のサンプルに似ていますが、親要素の範囲がはっきりわかるように親要素に幅5pxの黒いボーダーを表示させ、背景色も黒にしています。また、子要素の幅は150pxにしてあります。

まずは**flexプロパティを指定していないとどうなるのか**（flexプロパティの初期値だとどうなるのか）から確認してみましょう。

HTML sample/1121/index1.html
```html
01  <div>
02    <section id="s1">1</section>
03    <section id="s2">2</section>
04    <section id="s3">3</section>
05  </div>
```

CSS sample/1121/index1.html
```css
01  body { margin: 0; }
02  div {
03    display: flex;
04    flex-direction: row;
05    border: 5px solid black;
06    background-color: black;
07  }
```

```
08  section {
09    padding: 1em;
10    color: #fff;
11    text-align: center;
12    font-size: 50px;
13    width: 150px;
14  }
15  #s1 {
16    background: #e6d;
17  }
18  #s2 {
19    background: #ddd;
20  }
21  #s3 {
22    background: #69e;
23  }
```

flex要素によって子要素の幅がどう変化するのかを確認するサンプル(初期値での動作確認用)

上のサンプル(index1.html)を表示させてウィンドウの幅を狭い状態から広い状態まで変化させたところ

親要素の幅が子要素の幅の合計よりも狭くなると、子要素の幅が指定した値(150px)よりも狭くなっていることが確認できます。逆に親要素の幅が子要素の幅の合計よりも広くなっても、子要素の幅は拡張されずに指定された値を維持しています。flexプロパティを指定していない場合は、このように縮小はされても拡張はされない状態となります。

274　Chapter 11　フレキシブルボックスとグリッド

次に2番目の子要素にだけ「flex: auto;」を指定したサンプルを表示させてみましょう。

CSS sample/1121/index2.html

```
01  ・・・
02  #s1 {
03      background: #e6d;
04  }
05  #s2 {
06      flex: auto;
07      background: #ddd;
08  }
09  #s3 {
10      background: #69e;
11  }
```

2番目の子要素にだけ「flex: auto;」を指定してあるサンプル

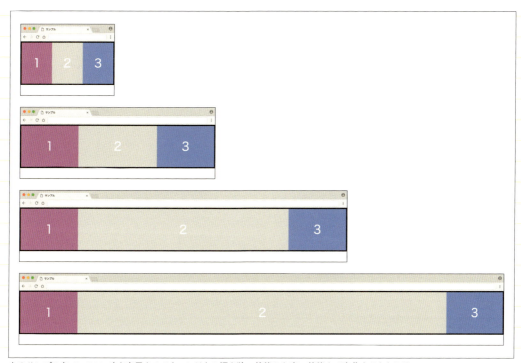

上のサンプル(index2.html)を表示させてウィンドウの幅を狭い状態から広い状態まで変化させたところ

「flex: auto;」が指定された2番目の要素の幅が親要素の幅に合わせて広くなり、親要素の空きスペースは表示されなくなりました。flexプロパティを指定していない1番目と3番目の要素の幅は、縮小はされても拡張はされない状態のままです。

次に、すべての子要素に「flex: auto;」を指定したサンプルを表示させてみましょう。

CSS sample/1121/index3.html

```
...
#s1 {
    flex: auto;
    background: #e6d;
}
#s2 {
    flex: auto;
    background: #ddd;
}
#s3 {
    flex: auto;
    background: #69e;
}
```

すべての子要素に「flex: auto;」を指定してあるサンプル

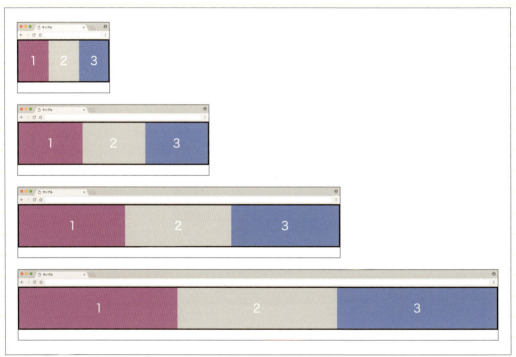

上のサンプル(index3.html)を表示させてウィンドウの幅を狭い状態から広い状態まで変化させたところ

子要素が3つとも親要素の幅に合わせて均等に変化するようになりました。必要に応じて縮小も拡張もされます。

276　Chapter 11　フレキシブルボックスとグリッド

次は、値「none」を指定したサンプルを見てみましょう。1番目と3番目の子要素にのみ「flex: none;」を指定し、2番目には「flex: auto;」が指定されています。

CSS sample/1121/index4.html

```css
01  ・・・
02  #s1 {
03      flex: none;
04      background: #e6d;
05  }
06  #s2 {
07      flex: auto;
08      background: #ddd;
09  }
10  #s3 {
11      flex: none;
12      background: #69e;
13  }
```

1番目と3番目が「flex: none;」、2番目は「flex: auto;」を指定してあるサンプル

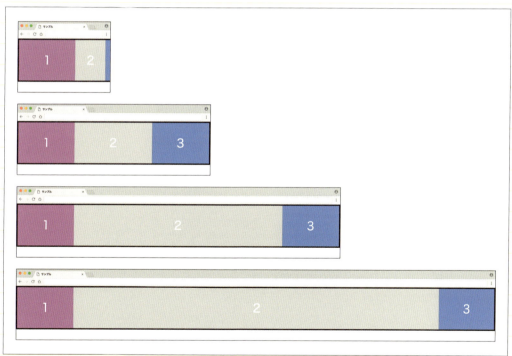

上のサンプル(index4.html)を表示させてウィンドウの幅を狭い状態から広い状態まで変化させたところ

「flex: none;」を指定した要素は幅が固定となり、縮小も拡張も一切されない状態となることがわかります。結果として、親要素の幅を狭くしすぎると3番目の子要素の大部分が見えない状態となってしまいました。

次は、値に数値を指定したサンプルを見てみましょう。1番目と3番目の子要素に「flex: 1;」を指定し、2番目には「flex: 2;」が指定されています。

CSS sample/1121/index5.html

```
01  ...
02  #s1 {
03      flex: 1;
04      background: #e6d;
05  }
06  #s2 {
07      flex: 2;
08      background: #ddd;
09  }
10  #s3 {
11      flex: 1;
12      background: #69e;
13  }
```

1番目と3番目が「flex: 1;」、2番目は「flex: 2;」を指定してあるサンプル

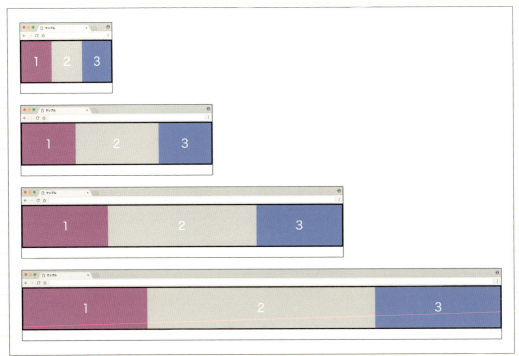

上のサンプル(index5.html)を表示させてウィンドウの幅を狭い状態から広い状態まで変化させたところ

親要素の幅が十分に広い状態のときには、指定通りに子要素の幅が「1：2：1」になっています。幅に余裕がなくなると、徐々にその比率ではなくなってきます。

278　Chapter 11　フレキシブルボックスとグリッド

COLUMN

flexプロパティの正体

本書ではflexプロパティに指定できる主な値として「auto」「none」「実数」の3つを紹介しましたが、実際にはこのプロパティには値が一度に3つまで指定できます。なぜならflexプロパティは、flex-grow・flex-shrink・flex-basisという3つのプロパティの値をまとめて一括指定するためのプロパティだからです。これらはそれぞれ、子要素の拡張・子要素の縮小・幅を増減させる際の基準とする幅を設定するプロパティで、flexプロパティにはそれぞれのプロパティに指定可能な値を順に半角スペースで区切って指定できる仕様になっています。

これらのプロパティの仕様は少々難解で、値を見ただけで指定内容がピンとくるようなものではない上に、それらをわざわざ個別に指定するようなケースはそれほど多くはありません。そのため、やろうと思えば個別の値を指定して細かく制御することも可能ではありますが、通常の制作においてはflexプロパティに値を1つだけ指定すれば事足りる仕様となっているようです。

フレキシブルボックスレイアウトの総合的な使用例

フレキシブルボックスレイアウト関連の主要なプロパティの使い方はひととおり覚えましたので、最後にそれらを総合的に使った、より実際のWebページに近いサンプルを見てみましょう。「sample/1122/index.html」をブラウザで開き、ウィンドウの幅を狭くしたり広くしたりして、まずはどのように表示が変化するのかを確認してください。幅が狭い状態では各コンテンツは縦に並び、広くすると3段組みになります。さらにウィンドウを広げると、コンテンツの幅は一定以上には広がらずに中央に配置されます。

「sample/1122/index.html」をブラウザで表示させたところ

ではさっそくこのサンプルのソースコードを見てみましょう。HTMLに関しては、ここまでに見てきた3段組みのサンプルとほぼ同じようなものです。コンテンツ全体が `<div id="page">~</div>` の中に入れられており、ヘッダーとフッターの間のコンテンツはmain要素でひとまとめにされています。このmain要素の中にはarticle要素のほかにdiv要素が2つ入っていて、その3つの要素が横に並びます。

HTML sample/1122/index.html

```
01  <div id="page">
02    <header>ヘッダー</header>
03    <main>
04      <article>
05        article要素のテキストです。サンプルのテキストです。
06        サンプルのテキストです。サンプルのテキストです。
07        サンプルのテキストです。サンプルのテキストです。
08      </article>
09      <div id="sub1">
10        sub1のテキストです。
11      </div>
12      <div id="sub2">
13        sub2のテキストです。
14      </div>
15    </main>
16    <footer>フッター</footer>
17  </div>
```

CSS sample/1122/styles.css

```
01  body { margin: 0; }
02  #page {
03    margin: 0 auto;
04    max-width: 1000px;
05    color: #fff;
06  }
07  header, article, #sub1, #sub2, footer {
08    padding: 1em;
09    box-sizing: border-box;
10  }
11  main {
12    display: flex;
13  }
14  article {
15    flex: auto;
16    order: 2;
17    background: #fc0;
18  }
19  #sub1 {
20    flex: none;
21    order: 1;
```

280   **Chapter 11**   フレキシブルボックスとグリッド

```
22    width: 200px;
23    background: #e6d;
24  }
25  #sub2 {
26    flex: none;
27    order: 3;
28    width: 200px;
29    background: #69e;
30  }
31  @media screen and (max-width: 600px) {
32    main {
33      flex-direction: column;
34    }
35    article, #sub1, #sub2 {
36      order: 0;
37      width: auto;
38    }
39  }
40  header, footer {
41    text-align: center;
42    background: #ddd;
43  }
```

前ページのサンプルのソースコード

CSSのソースコードは少し長めですが、指定内容はとてもシンプルです。#pageには「max-width: 1000px;」が指定されていますが、これによってコンテンツ全体の幅が1000ピクセルに制限されています。
main要素には「display: flex;」が指定されていて、これによってmain要素の子要素が横に並んでいます(幅を狭くしたときに縦に並ばせる指定は、最後の方でメディアクエリーを使っておこなっています)。
子要素は、article要素のみ幅が拡張されるようにして、div要素には「flex: none;」を指定して幅を固定化しています。そのうえでorderプロパティを使って、article要素を中央に配置させています。
あとはメディアクリーを使って、表示領域の幅が600ピクセル以下のときに、main要素の子要素を縦並び(column)にして、子要素の表示される順番もソースコードの通りに戻しています(0はorderプロパティの初期値です)。

Chapter 11-3

グリッドレイアウトの基本

グリッドレイアウトとは、ボックスを格子状に縦横に区切って、そこに子要素を自由に当てはめていくタイプの新しいレイアウト手法です。フレキシブルボックスほどシンプルには指定できませんが、そのぶん縦か横かの一方向に限定されずにボックスを配置することが可能になります。

ボックスを格子状に区切って子要素を配置する

フレキシブルボックスレイアウトのときと同様に、はじめにChapter 7の「フロートによる3段組みレイアウト」（p.154）で使用したのとほぼ同じサンプルを使って**グリッドレイアウト**で3段組みを実現させてみます。

この3段組みをグリッドレイアウトで実現する

フレキシブルボックスレイアウトでは、「display: flex;」を指定しただけでその内部の要素が横に並びました。グリッドレイアウトは「display: grid;」を指定するところまでは似ているのですが、その上でボックスをどの幅でいくつに区切るかを定義して、それぞれの子要素をどのマス目※に配置するのかを指定する必要があります。

※ このグリッドレイアウトにおける1つのマス目のことをグリッドセルと言います。

グリッドレイアウトによる3段組み

HTML側のソースコードは、これまでのものと同様で、コンテンツ全体が`<div id="page">`～`</div>`で囲われており、その中に子要素としてheader要素、main要素、div要素が2つ、footer要素が順に収められています。

CSSではまず、コンテンツ全体を囲っているdiv要素に「`display: grid;`」を指定しています。これによって、このdiv要素を格子状に区切り、各グリッドセルに子要素を配置できるようになります。

HTML sample/1130/index.html

```
01  <div id="page">
02    <header>ヘッダー</header>
03    <main>
04      メインの段のテキストです。
05      メインの段のテキストです。
06      メインの段のテキストです。
07      メインの段のテキストです。
08      メインの段のテキストです。
09      メインの段のテキストです。
10      メインの段のテキストです。
11    </main>
12    <div id="sub1">
13      サブ1の段のテキストです。
14    </div>
15    <div id="sub2">
16      サブ2の段のテキストです。
17    </div>
18    <footer>フッター</footer>
19  </div>
```

CSS sample/1130/styles.css

```
01  #page {
02    margin: 0 auto;
03    width: 400px;
04    display: grid;
05    grid-template-columns: 100px 200px 100px;
06    grid-template-rows: auto auto auto;
07  }
08
09  header {
10    grid-column: 1 / 4;
11    grid-row: 1;
12  }
13
14  main {
15    color: #888;
```

chapter
11-3

283

```
16      background: #eee;   /* 薄いグレー */
17      grid-column: 2;
18      grid-row: 2;
19    }
20
21    #sub1 {
22      color: #fff;
23      background: #390;   /* 緑 */
24      grid-column: 1;
25      grid-row: 2;
26    }
27
28    #sub2 {
29      color: #fff;
30      background: #fc0;   /* 黄色 */
31      grid-column: 3;
32      grid-row: 2;
33    }
34
35    footer {
36      grid-column: 1 / 4;
37      grid-row: 3;
38    }
39
40    header, footer {
41      text-align: center;
42      color: #fff;
43      background: #bbb;
44    }
```

グリッドレイアウトによる3段組みのソースコード

ボックスをどのように区切るのかを指定しているのが、**grid-template-columnsプロパティ**と**grid-template-rowsプロパティ**です。grid-template-columnsは縦列の各幅を左から順に指定するプロパティで、ここで幅を指定した分だけ縦に区切られます。同様にgrid-template-rowsは横列の各高さを上から順に指定するプロパティで、ここで高さを指定した分だけ横に区切られます。値に「auto」を指定すると、内容に合わせた高さとなります。

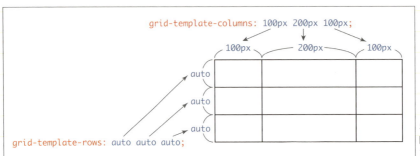

ボックスをどのように区切るのかを指定するプロパティ

次に、子要素をグリッドセルにあてはめていきます。この作業をおこなうには様々な方法があるのですが、ここでは **grid-column プロパティ**と **grid-row プロパティ**を使用します。

grid-columnでは、縦の線の左から何番目から何番目の線の間に子要素を配置するのかを指定します。このとき、開始の番号と終了の番号は「1 ／ 4」のようにスラッシュで区切ります（こうすると1の線から4の線までという意味になります）。

同様にgrid-rowでは、横の線の上から何番目から何番目の線の間に子要素を配置するのかを指定します。このプロパティも基本的には、「1 ／ 2」の形式で値を指定するのですが、スラッシュと終了の線の番号を省略すると、次の線で（グリッドセル1つ分の高さで）終了するという意味になります。

次の図のようにして、すべての子要素をグリッドセルに当てはめると3段組みが完成します。

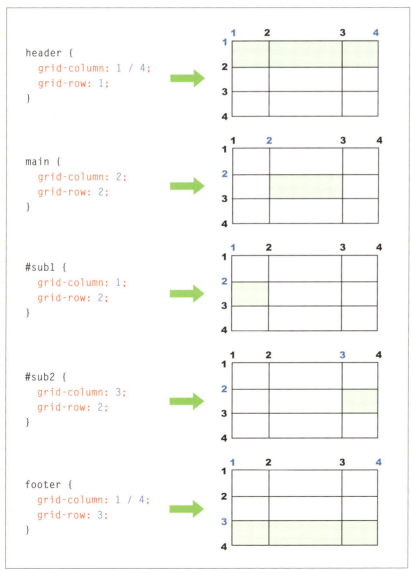

子要素をどのグリッドセルにあてはめるのかを指定するプロパティ

グリッドをわかりやすく定義する別の方法

次に、今の3段組みとまったく同じレイアウトを別の方法で指定してみます。ボックスをどのように区切るのか指定するところまでは同じなのですが、今回はグリッドセルごとに名前をつけ、その名前を使って子要素をグリッドセルに当てはめていきます。

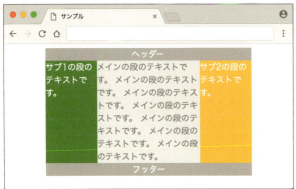

1つ前のサンプルと同じ3段組みを別の方法で指定する

grid-template-areasプロパティとgrid-areaプロパティ

HTMLは1つ前のサンプルとまったく同じなので、このサンプルではCSSのソースコードのみ掲載します。CSSも「`display: grid;`」とその直後の2行までは前のサンプルとまったく同じです。

CSS sample/1131/styles.css

```
01  #page {
02      margin: 0 auto;
03      width: 400px;
04      display: grid;
05      grid-template-columns: 100px 200px 100px;
06      grid-template-rows: auto auto auto;
07      grid-template-areas: "head head head"
08                           "sub1 main sub2"
09                           "foot foot foot";
10  }
11
12  header {
13      grid-area: head;
14  }
15
16  main {
17      color: #888;
18      background: #eee;   /* 薄いグレー */
19      grid-area: main;
```

```
20  }
21
22  #sub1 {
23    color: #fff;
24    background: #390;   /* 緑 */
25    grid-area: sub1;
26  }
27
28  #sub2 {
29    color: #fff;
30    background: #fc0;   /* 黄色 */
31    grid-area: sub2;
32  }
33
34  footer {
35    grid-area: foot;
36  }
37
38  header, footer {
39    text-align: center;
40    color: #fff;
41    background: #bbb;
42  }
```

グリッドレイアウトの別の方法による3段組みのソースコード例

新しく**grid-template-areas プロパティ**が登場し、そこで各グリッドセルに名前をつけています。グリッドセルの名前は、横列一列分ごとに引用符(" または ')で囲って1つの文字列にし、その内部の各名前は半角スペースで区切ります(連続して複数の半角スペースを入れてもかまいません)。同じ名前をつけると、そこはつながった領域として扱われます(上のソースコード例では「head」と「foot」が横に3つ分のグリッドセルの領域を占めるようになります)。

grid-template-areas プロパティでグリッドセルに名前をつける

あとは子要素側で**grid-area プロパティ**を使って、どのグリッドセルに当てはめるのかを名前で指定すると3段組みは完成します。

287

実際のWebページに近いレイアウトの例

最後に、フレキシブルボックスレイアウトの最後のサンプル(フレキシブルボックスレイアウト関連の主要なプロパティを総合的に使ったもの)と同じレイアウトをグリッドレイアウトで実現させてみましょう。

「sample/1132/index.html」は、フレキシブルボックスレイアウトの最後に紹介した「総合的な使用例」をグリッドレイアウトで実現させたもの

HTMLは、フレキシブルボックスレイアウトの最後のサンプルとまったく同じです。3段組みにする3つの要素はmain要素の子要素として配置されています。

```
HTML  sample/1132/index.html
01  <div id="page">
02    <header>ヘッダー</header>
03    <main>
04      <article>
05        article要素のテキストです。サンプルのテキストです。
06        サンプルのテキストです。サンプルのテキストです。
07        サンプルのテキストです。サンプルのテキストです。
08      </article>
09      <div id="sub1">
10        sub1のテキストです。
11      </div>
12      <div id="sub2">
```

```
13        sub2のテキストです。
14      </div>
15    </main>
16    <footer>フッター</footer>
17 </div>
```

CSS sample/1132/styles.css

```
01 body { margin: 0; }
02 #page {
03   margin: 0 auto;
04   max-width: 1000px;
05   color: #fff;
06 }
07 header, article, #sub1, #sub2, footer {
08   padding: 1em;
09   box-sizing: border-box;
10 }
11 main {
12   display: grid;
13   grid-template-columns: 200px 1fr 200px;
14   grid-template-rows: auto;
15 }
16 article {
17   background: #fc0;
18   grid-column: 2;
19   grid-row: 1;
20 }
21 #sub1 {
22   background: #e6d;
23   grid-column: 1;
24   grid-row: 1;
25 }
26 #sub2 {
27   background: #69e;
28   grid-column: 3;
29   grid-row: 1;
30 }
31 @media screen and (max-width: 600px) {
32   main {
33     display: block;
34   }
35 }
36 header, footer {
37   text-align: center;
38   background: #ddd;
39 }
```

前ページのように表示されるグリッドレイアウトのソースコード

289

CSSの方はすでに使用したことのあるプロパティしか使っていませんが、grid-template-columnsプロパティではここで初めて登場する単位「fr」が使用されています（3つのうちの真ん中の値）。

この「fr」は「fraction（比）」の略で、親要素の中で空いている空間を、指定された数値の比率で縦列または横列に分配する場合に使用します（flexプロパティの値に数値を指定したときと同様の効果があります）。たとえば、「grid-template-columns: 1fr 2fr 3fr;」と指定したら、縦列の幅は「1:2:3」の比率になるということです。

値の中に「fr」付きでない値が含まれている場合は、先に「fr」付きでない幅が確保され、残った幅を「fr」付きで指定された数値の比率で分配します。前ページのサンプルでは値が「200px 1fr 200px」となっていますので、計400pxを親要素の幅から引いた残りの幅が、そのまま全部真ん中のグリッドセルの幅になります。

このようにして3段組み部分のグリッドを定義したら、3つの子要素をグリッドセルに当てはめ、メディアクエリーを使って幅が600ピクセル以下のときにはグリッドを解除して普通のブロックレベル要素として表示させるとこのサンプルの完成です。

COLUMN

かなり奥が深いグリッドレイアウト

まるで普通のプロパティのように紹介していたgrid-column・grid-row・grid-areaですが、実際にはこれらは次のプロパティの値をまとめて一括指定するためのプロパティです。

```
・grid-column-start
・grid-column-end
・grid-row-start
・grid-row-end
```

たとえば、grid-columnで「1 / 4」のようにスラッシュで区切って指定していた2つの数字は、それぞれgrid-column-startとgrid-column-endの値だったわけです。grid-areaには、上の4つのプロパティの値をまとめて指定できます。そしてそれぞれの値にも、さらに多くの書き方があります。

グリッドレイアウトには、本書では紹介しきれなかったプロパティがまだまだありますので、「もしかしてこういうことはできないのかな？」と思ったら、ぜひ検索して調べてみてください。その機能は仕様に含まれていて、すでに使える状態になっているかもしれません。

Chapter 12

ページをまるごと作ってみよう

ここまでの Chapter では HTML5 と CSS3 の機能を個別に学習してきました。最終章である Chapter 12 では、それらを組み合わせてページ全体を作成してみましょう。CSS でのレイアウトは、はじめにスマートフォン用のものを作成しつつ基本的な部分の表示指定もおこなっておき、そこにタブレット専用とパソコン専用の CSS を追加するという流れで作成します。

Chapter 12-1

サンプルページの概要を把握する

難易度：★☆☆☆☆

まずはこのChapterで作成するサンプルページがどのようなものなのかを理解しておきましょう。完成イメージを確認し、HTMLとCSSのファイルの構成とそれぞれの関係も把握しておきます。

1. 完成イメージを確認しよう

このChapterで作成するサンプルページは右図のようなものです。
表示領域の幅に応じて、スマートフォン用のレイアウト、タブレット用のレイアウト、パソコン用のレイアウトの3種類に切り替わります。

スマートフォン用のレイアウト　タブレット用のレイアウト

パソコン用のレイアウト

2. サンプルのファイル構成を確認しよう

このサンプルページのファイルの構成は次のようになっています。HTMLファイルが1つとCSSファイルが3つ、そのほかに画像格納用のフォルダが1つあります（このサンプルで使用する画像ファイルが入っています）。CSSファイルのうち「base.css」は常に適用されるもので、色指定などの基本となる表示指定のほか、スマートフォン向けの表示指定も書き込みます。

「tablet.css」はタブレット専用CSSで、表示領域の幅が600ピクセル以上1000ピクセル未満のときにのみ適用されます。「pc.css」はパソコン専用CSSで、表示領域の幅が1000ピクセル以上になった場合にのみ適用されます。

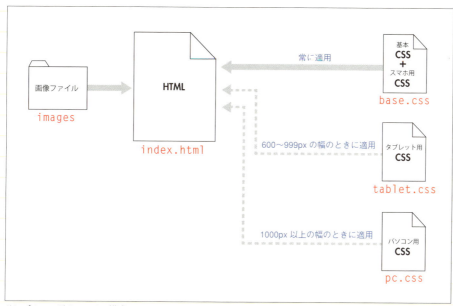

サンプルページのファイル構成

3. サンプルページ作成の流れを確認しよう

このサンプルページは、次の手順で作成していきます。HTMLはコンテンツがすでに入っており、マークアップも済んだ状態となっていますので、はじめにその内容と文書構造を確認してください。それらが把握できたところで、「base.css」「tablet.css」「pc.css」の順にCSSを完成させていきます。

- LECTURE 12-2　HTMLの構造の確認　　　　　　➡　「index.html」の内容（文書構造）を確認する
- LECTURE 12-3　スマートフォン向けの表示指定　➡　「base.css」にスマートフォン用CSS（基本となるCSSを含む）を書き込む
- LECTURE 12-4　タブレット向けの表示指定　　　➡　「tablet.css」にタブレット専用のCSSを書き込む
- LECTURE 12-5　パソコン向けの表示指定　　　　➡　「pc.css」にパソコン専用のCSSを書き込む

Chapter 12-2

HTMLの構造の確認

難易度：★★☆☆☆

このサンプルページのHTMLはすでに完成していますが、これまでのサンプルと比較するとソースコードが少々長めになっています。CSSの指定をおこなう前に、HTMLの文書構造がどうなっているのか把握しておきましょう。

1. サンプルページの概略構造を把握しよう

このサンプルページのHTMLのおおまかな構造は次のようになっています。まず、全体がheader要素・main要素・footer要素の3つに別れています。それら全体を囲うdiv要素はありません。
下の図ではタグの階層ごとに色を変えて示していますが、これは要素の親子関係をわかりやすくするためです。このサンプルページでは要素を横に並べるために主にグリッドレイアウトを使用しますので、それを前提にレイアウトしやすいような親子関係を持たせた構造にしてあります[※]。

※ グリッドレイアウトでは、ある要素に「display: grid;」を指定すると、その直接の子要素をグリッド内に自由に配置できるようになります。

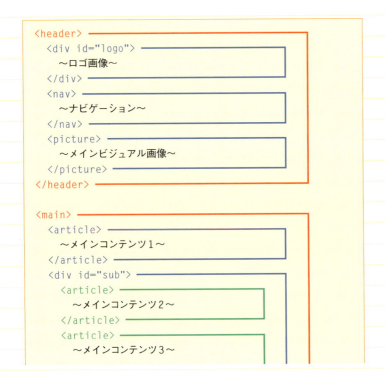

```
        </article>
      </div>
    </main>

    <footer>
      <div id="footlinks">
        <section>
          ～リンク～
        </section>
        <section>
          ～リンク～
        </section>
        <section>
          ～リンク～
        </section>
        <section>
          ～リンク～
        </section>
      </div>
      <p id="copyright">
        <small>～コピーライト～</small>
      </p>
    </footer>
```

サンプルページのHTMLの概略構造

2. サンプルページのhead要素の内容を確認しよう

HTMLのhead要素の内容は次のようになっています。

まず、🅐ではスマートフォンで閲覧したときに縮小表示されないようにしています。

🅑では常に適用するCSSファイル（base.css）を読み込ませています。

🅒では表示領域の幅が600〜999ピクセルのときにタブレット用のCSS（tablet.css）を読み込ませています。

🅓では表示領域の幅が1000ピクセル以上のときにパソコン用のCSS（pc.css）を読み込ませています。

HTML sample/1220/index.html

```
01  <head>
02  <meta charset="utf-8">
03  <meta name="viewport" content="width=device-width, initial-scale=1.0">   ——🅐
04  <title>株式会社サンプルサイト</title>
05  <link rel="stylesheet" href="base.css">   ——🅑
06  <link rel="stylesheet" href="tablet.css" media="screen and (min-width:   ——🅒
    600px) and (max-width: 999px)">
07  <link rel="stylesheet" href="pc.css" media="screen and (min-width:   ——🅓
    1000px)">
08  </head>
```

head要素の内容

chapter
12-2

295

このBCDの指定により、ユーザーの環境に合わせてCSSは次のように適用されることになります。つまり、スマートフォンで閲覧した場合は「base.css」のみが適用され、タブレットで閲覧すると「base.css」と「tablet.css」、パソコンで閲覧すると「base.css」「pc.css」が適用されることになります※。

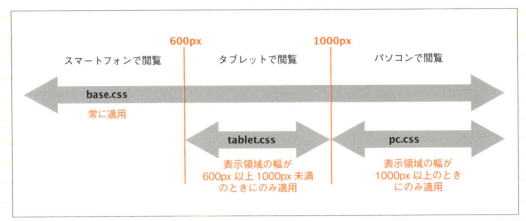

表示領域の幅によって適用されるCSSが変化する

3. サンプルページのbody要素の内容を確認しよう

body要素の内容全体は次のようになっています。

Eではロゴ画像を表示させています。srcset属性を使って、ピクセル密度が2倍の画面で表示させる画像（logo2x.png）も指定してあります。

Fではメインビジュアルの画像を表示させています。こちらではpicture要素とsource要素を使い、表示領域の幅が600ピクセル以上かどうかで異なる画像を表示させています（大きさだけでなくトリミングの仕方も異なっています）。どちらもピクセル密度が2倍の画像が用意されています。

表示領域の幅が600ピクセル以上のときに表示させるメインビジュアル画像

表示領域の幅が600ピクセル未満のときに表示させるメインビジュアル画像。スマートフォン用にトリミングしてある

※ このサンプルでは、600ピクセルと1000ピクセルを境界として適用するCSSを切り替えていますが、この数値を選択したのはサンプルをわかりやすくするためです。また、すべてのスマートフォン・タブレット・パソコンでこのようにきっちりとCSSが切り替わって適用されるわけではなく、端末を横置きにすることなどによってスマートフォンでタブレット用のCSSが適用されたり、タブレットでパソコン用のCSSが適用されたりします。

HTML sample/1220/index.html

```
01  <body>
02
03  <header>
04    <div id="logo">
05      <img src="images/logo.png" srcset="images/logo2x.png 2x"
    alt="株式会社サンプルサイト">
06    </div>
07    <nav>
08      <ul>
09        <li><a href="#">ホーム</a></li>
10        <li><a href="#">お知らせ</a></li>
11        …中略…
12      </ul>
13    </nav>
14    <picture>
15      <source media="(min-width:600px)" srcset="images/mv-1000.jpg,
    images/mv-2000.jpg 2x">
16      <img src="images/mv-s600.jpg" srcset="images/mv-s1200.jpg
    2x" alt="日本のサンプルのリーディング・カンパニーを目指します。">
17    </picture>
18  </header>
19
20  <main>
21    <article>
22      <h1>サンプルだからこその "カタチ" がある</h1>
23      <p>わかりやすいサンプルはどうあるべきなのか？　その答えを知っているかどう
    かで<a href="#">サンプルの出来映え</a>は決まってきます。これはサンプルのテ
    キストです。これはサンプルのテキストです。
24      </p>
25      …中略…
26      </p>
27    </article>
28    <div id="sub">
29      <article>
30        <h2>見えない部分へのこだわり</h2>
31        <p>これはサンプルのテキストです。これはサンプルのテキストです。これは
    サンプルのテキストです。これはサンプルのテキストです。
32        </p>
33      </article>
34      <article>
35        <h2>最高のサンプルを驚きのプライスで！</h2>
36        <p>これはサンプルのテキストです。これはサンプルのテキストです。これは
    サンプルのテキストです。これはサンプルのテキストです。
37        </p>
38      </article>
39    </div>
40  </main>
41
```

E

F

chapter
12-2

```
42  <footer>
43    <div id="footlinks">
44      <section>
45        <h3>オンラインショップ</h3>
46        <ul>
47          <li><a href="#">これはサンプルリンク</a></li>
48          …中略…
49        </ul>
50      </section>
51      <section>
52        <h3>アフターサービス</h3>
53        <ul>
54          <li><a href="#">サンプルのリンク</a></li>
55          …中略…
56        </ul>
57      </section>
58      <section>
59        <h3>お客様サポート</h3>
60        <ul>
61          <li><a href="#">サンプルリンク</a></li>
62          …中略…
63        </ul>
64      </section>
65      <section>
66        <h3>社会活動・環境活動</h3>
67        <ul>
68          <li><a href="#">これはサンプルリンク</a></li>
69          …中略…
70        </ul>
71      </section>
72    </div>
73    <p id="copyright">
74      <small>Copyright © 2018 sample site. All rights reserved.</small>
75    </p>
76  </footer>
77
78  </body>
```

body要素の内容

なお、このサンプルページではリンク先のページは用意してありませんので、リンク先のURL（a要素のhref属性の値）はすべて「#」を入れただけの状態となっています。

4. CSS適用前の表示の確認

最後に、この段階でのブラウザでの表示を確認しておきましょう。CSSを一切指定していない現段階での表示は次のようになっています。

CSSを一切指定していない現段階での表示

Chapter 12-3

スマートフォン向けの表示指定

難易度：★★★★☆

それではさっそくCSSによる表示指定をはじめましょう。最初はスマートフォン用・タブレット用・パソコン用の各CSSで共通する指定とスマートフォン向けの指定を書き入れる「base.css」から進めていきます。

1. CSSファイル内のコメントを確認しよう

はじめに、現段階でのCSSファイルの内容がどうなっているのか確認しておきましょう。この段階では「base.css」「tablet.css」「pc.css」の内容はまったく同じで、次のようにコメントだけが入力済みの状態となっています。

`CSS`

```
01  /* ==========================================================
02   *    ページ全体
03   * ======================================================== */
04
05
06  /* ==========================================================
07   *    ヘッダー
08   * ======================================================== */
09
10
11  /* ==========================================================
12   *    メインコンテンツ
13   * ======================================================== */
14
15
16  /* ==========================================================
17   *    フッター
18   * ======================================================== */
19
20
```

現段階のCSSファイルの内容（3ファイル共通）

このChapterよりも前のサンプルとは異なり、Chapter 12のサンプルではCSSのソースコードもそれなりに長いものとなります。そのため、制作を進めていくうちにどこに何を書き込んだかわからなくなってしまわないように、このサンプルではCSSの表示指定を書き込む場所を大きく4つに分けることにします。

300 **Chapter 12**　ページをまるごと作ってみよう

ページ全体に対する表示指定は「ページ全体」というコメントの下に書き込み、header要素とその内部の指定なら「ヘッダー」の下、main要素とその内部の指定なら「メインコンテンツ」の下、footer要素とその内部の指定なら「フッター」の下に書き込むことにして作業を進めていきます。

2. スマートフォン向けCSSの表示確認について

このサンプルは、表示領域の幅に応じてレイアウトが3段階に切り替わるようになります。ここではスマートフォン向けの表示指定をおこないますが、実際にスマートフォンで表示確認をしながら作業をすすめていくのは手間がかかりますので、パソコン上のブラウザの幅を狭くした状態で表示確認をすることにしましょう※。

「base.css」制作時の表示確認は、ブラウザの幅を狭くしてスマートフォン向けの画像が表示されている状態でおこなう

ブラウザのウィンドウの幅を狭くしていき、表示領域の幅が600ピクセル未満になると画像が小さくなり、画像のテキストとカモメの位置関係も変わるポイントがあります。このサンプルのスマートフォン向けCSSの表示確認は、このポイントよりも幅が狭い状態でおこなえばOKです。

※ Google Chromeの「デベロッパー ツール」を使用することで、各種スマートフォンやタブレットでの表示確認をおこなうこともできます。「デベロッパー ツール」を起動するには、F12キーを押すか、右クリックして表示されるメニューから「検証」を選択してください。

3. スマートフォン向けの「ページ全体」の表示を指定しよう

ここからCSSでの表示指定を開始します。はじめに、body要素のマージンを0にしておきます(❶)。これによって、ページ上部の青い線やメインビジュアルの画像、フッターのグレーの背景色を隙間なく表示させられるようになります。

ページ上部の青い線は、body要素の上のボーダーとして表示させます(❷)。この青はロゴ画像の青と同じ色(#0086e9)で、リンク部分のテキストも同じ色です。

body要素にfont-familyプロパティで「sans-serif」を指定してあるのは(❹)、初期設定で明朝体のフォントを使用するようになっている環境でもゴシック体で表示されるようにするためです。同様に、設定で一般的ではない色になっている環境からの閲覧に備えて、body要素の文字色を黒に、背景色を白にしておきます(❸)。

メインコンテンツとフッターには同じマージン(1.2rem)を指定するのですが、セレクタは「main, footer」ではなく「main, #footlinks」となっています(❺)。これは、パソコン向けの表示指定において、メインコンテツ部分は幅を1,000ピクセルに固定して中央に寄せて配置するのに対し、薄いグレーの背景を持つフッターは画面の幅いっぱいに広げて表示されるようにするためです。フッター内のコンテンツであるリンクをグループ化しているdiv要素(#footlinks)は、main要素と同様に幅を1,000ピクセルに固定して中央に寄せて配置しますので、メインコンテンツとフッターのマージン指定のセレクタは「main, #footlinks」としています。

次のように入力すると、「ページ全体」の基本となる表示指定は完了です。

HTML sample/1230/index.html

```
01  <header>
02    ・・・
03  </header>
04
05  <main>
06    ・・・
07  </main>
08
09  <footer>
10    <div id="footlinks">
11      ・・・
12    </div>
13    <p id="copyright">
14      ・・・
15    </p>
16  </footer>>
```

CSS sample/1230/base.css

```
01  /* =================================================
02   *    ページ全体
03   * ================================================= */
```

302 **Chapter 12** ページをまるごと作ってみよう

```
04
05  body {
06      margin: 0;                              ❶
07      border-top: 7px solid #0086e9;          ❷
08      color: #000;                            ┐
09      background: #fff;                       ├ ❸
10      font-family: sans-serif;                ❹
11  }
12  main, #footlinks {                          ┐
13      margin: 1.2rem;                         ├ ❺
14  }                                           ┘
15  a:link, a:visited {
16      color: #0086e9;
17  }
18  a:hover {
19      color: #000;
20  }
21  h1, h2, h3 {
22      margin: 0;
23      color: #000;
24      line-height: 1;
25  }
```

スマートフォン向けの「ページ全体」のソースコード

指定前の表示

指定後の表示。画像の横の隙間がなくなり、上に青い線が表示された

4. スマートフォン向けの「ヘッダー」の表示を指定しよう

次に、ヘッダー部分の表示指定をおこないます。はじめにロゴ画像の表示位置から調整していきましょう。現時点では、ロゴ画像がページ左上に余白のない状態で配置されていますので、header要素の上マージンを指定して上の余白をとり、text-alignプロパティで中央に表示させます(❶)。

ロゴ画像とメインビジュアルの画像には両方とも「vertical-align: bottom;」を指定します(❷⓫)。これはChapter 7の「インライン要素の縦位置の指定(p.167)」で説明したように、画像の下にできる隙間(インライン要素のディセンダ領域)を消すための指定です。

スマートフォンで閲覧したときのナビゲーションはグリッドレイアウトにして、上下に3つずつ並べて薄いグレーの背景をつけて表示させることにします(❸)。「grid-template-columns: 1fr 1fr 1fr;」によって、グリッドの縦列の幅は「1:1:1」の比率となります。高さには「auto」が指定されていますので、コンテンツであるテキストに合わせた高さとなります。

なお、この部分のグリッドレイアウトでは、子要素であるli要素をどのグリッドセルに当てはめるかは特に指定していません。grid-columnやgrid-rowなどのプロパティを使って配置場所を指定しなかった場合、子要素はソースコードに書かれている順に左上のグリッドから右方向へ、右までできたら一段下がってまた左から右へ、と自動的に当てはめられます。

li要素はそのままでは行頭記号が表示されますし、a要素はインライン要素で扱いにくいので、両方に「display: block;」を指定します(❼)。また、ul要素とli要素はブラウザによって初期状態の余白のつけられ方が異なっている場合があるので、必要な部分以外の余白は0にしておきます(❺❻)。この形式のナビゲーションではリンクの下線は不要ですので、text-decorationプロパティでa要素の下線を消します(❾)。ナビゲーションの各項目の周りにある白い余白は、ul要素とa要素の2ピクセルずつのマージンで、幅が4ピクセルの白い線のように見せています(❹❽)※。

メインビジュアルの画像(セレクタでは「nav要素の直後のpicture要素の中にあるimg要素」と指定)の幅を表示領域いっぱい(width: 100vw;)にします(❿)。

次のように入力すると、スマートフォン向けの「ヘッダー」の表示指定は完了です。

※ グリッドセル内に含まれる要素同士では、上下に隣接しているマージンでも重なり合うことはありません。

HTML sample/1231/index.html

```
01  <header>
02    <div id="logo">
03      <img src="images/logo.png" srcset="images/logo2x.png 2x" alt="株式
    会社サンプルサイト">
04    </div>
05    <nav>
06      <ul>
07        <li><a href="#">ホーム</a></li>
08        <li><a href="#">お知らせ</a></li>
```

```
09        <li><a href="#">製品情報</a></li>
10        <li><a href="#">サービス</a></li>
11        <li><a href="#">会社概要</a></li>
12        <li><a href="#">お問い合わせ</a></li>
13      </ul>
14    </nav>
15    <picture>
16      <source media="(min-width:600px)" srcset="images/mv-1000.jpg,
16 images/mv-2000.jpg 2x">
        <img src="images/mv-s600.jpg" srcset="images/mv-s1200.jpg 2x"
17 alt="日本のサンプルのリーディング・カンパニーを目指します。">
18    </picture>
19 </header>
```

CSS sample/1231/base.css

```
01 /* ==============================================================
02  *    ヘッダー
03  * ============================================================== */
04
05 header {
06    margin-top: 36px;
07    text-align: center;
08 }
09 #logo img {
10    vertical-align: bottom;
11 }
12 nav ul {
13    display: grid;
14    grid-template-columns: 1fr 1fr 1fr;
15    grid-template-rows: auto auto;
16    margin: 36px 2px 2px;
17    padding: 0;
18 }
19 nav li {
20    margin: 0;
21    padding: 0;
22 }
23 nav li, nav a {
24    display: block;
25 }
26 nav a {
27    margin: 2px;
28    padding: 0.4rem 0;
29    background: #f3f3f3;
30    text-decoration: none;
31    font-size: 0.9rem;
32 }
33 nav+picture img {
```

❶ ❷ ❸ ❹ ❺ ❻ ❼ ❽ ❾

```
34        width: 100vw;                                      ⑩
35        vertical-align: bottom;                            ⑪
36    }
```

スマートフォン向けの「ヘッダー」のソースコード

指定前の表示　　　　　　　　　　　　　指定後の表示。ヘッダー部分のレイアウトが整えられて見やすくなった

5. スマートフォン向けの「メインコンテンツ」の表示を指定しよう

メインコンテンツ部分は、main要素とh1要素、h2要素のマージンを指定し（❶❷❹）、コンテンツ間の間隔を調整しています。また、大き過ぎる見出しのフォントサイズも調整します（❸❺）。

次のように入力すると、スマートフォン向けの「メインコンテンツ」の表示指定は完了です。

CSS sample/1232/base.css

```
01    /* ==================================================
02     *     メインコンテンツ
03     * ================================================== */
04
05    main {
06        margin-bottom: 2.4rem;                             ❶
07    }
08    h1 {
09        margin-top: 2rem;                                  ❷
10        font-size: 1.1rem;                                 ❸
11    }
12    h2 {
```

306　Chapter 12　ページをまるごと作ってみよう

```
13        margin-top: 2rem;                    ④
14        font-size: 1rem;                     ⑤
15    }
```

スマートフォン向けの「メインコンテンツ」のソースコード

指定前の表示

指定後の表示。メインコンテンツ部分はマージンとフォントサイズのみ調整

6. スマートフォン向けの「フッター」の表示を指定しよう

フッター領域は、全体を薄いグレーにします。footer要素の上下のパディングを調整して（❶）、backgroundプロパティで背景色「#f3f3f3」を指定します（❷）。

フッター部分のリンクはul要素ですが、このサンプルページでは行頭記号を表示させずに、見出しも含めて左揃えで表示させることにします。そのために、ul要素とli要素に「display: block;」を指定し、余白も0にしておきます（❸）。見出しのフォントサイズはメインコンテンツ部分に合わせて小さめにします（❹）。

リンクは通常は下線が表示されないようにしておき、カーソルが重なったときだけ下線が表示されるようにします（❺）。

「Copyright ～」部分の文字色を濃いグレーにして、中央揃えにし、フォントサイズを小さくすると（❻）スマートフォン向けの表示指定は完成です。

HTML sample/1233/index.html

```
01  <footer>
02    <div id="footlinks">
03      <section>
04        <h3>オンラインショップ</h3>
05        <ul>
06          <li><a href="#">これはサンプルリンク</a></li>
07          <li><a href="#">サンプルのリンク</a></li>
08          <li><a href="#">これはサンプルリンク</a></li>
09          <li><a href="#">サンプルのリンク</a></li>
10          <li><a href="#">これはサンプルのリンク</a></li>
11        </ul>
12        ・・・
13    </div>
14    <p id="copyright">
15      <small>Copyright © 2018 sample site. All rights reserved.</small>
16    </p>
17  </footer>
```

CSS sample/1233/base.css

```
01  /* ============================================================
02   *    フッター
03   * ============================================================ */
04
05  footer {
06    padding-top: 0.5rem;              ──┐
07    padding-bottom: 1.4rem;           ──┘  ❶
08    background: #f3f3f3;                     ❷
09  }
10  #footlinks ul, #footlinks li {    ──┐
11    display: block;
12    margin-left: 0;                         ❸
13    padding-left: 0;
14  }                                   ──┘
15  #footlinks h3 {                    ──┐
16    font-size: 1rem;                        ❹
17  }                                   ──┘
18  #footlinks a {                     ──┐
19    text-decoration: none;
20  }
21  #footlinks a:hover {                      ❺
22    text-decoration: underline;
23  }                                   ──┘
24  #copyright {                       ──┐
25    color: #999;
26    text-align: center;                     ❻
27    font-size: 0.82rem;
28  }                                   ──┘
```

スマートフォン向けの「フッター」のソースコード

308 **Chapter 12** ページをまるごと作ってみよう

指定前の表示

指定後の表示。フッター領域の背景がグレーになり、行頭記号やリンクの下線が消えた

309

Chapter 12-4

タブレット向けの表示指定

難易度：★★★☆☆

次は、表示領域の幅が600ピクセル以上1000ピクセル未満のときにのみ適用されるタブレット向けのCSS「tablet.css」の指定をおこなっていきます。

1. タブレット向けの「ページ全体」の表示を指定しよう

タブレット向けのレイアウトの幅（600〜999ピクセル）は、2段組みにするには狭すぎて1段のままでは広すぎる印象です。そこで、メインコンテンツとフッターの左右の余白を広めにとることにします。

main要素と#footlinksの上マージンを1.2rem、左右のマージンを9vw（表示領域の幅の9%）、下マージンを2.4remにする指定を追加してください（❶）。

この段階では、「tablet.css」と「pc.css」の違いはこのマージンの指定のみです。表示確認は、ブラウザのウィンドウの幅をこのマージンが適用される幅にしておこなってください。

```html
HTML  sample/1240/index.html
01  <main>
02      ・・・
03  </main>
04
05  <footer>
06    <div id="footlinks">
07      ・・・
08    </div>
09    <p id="copyright">
10      ・・・
11    </p>
12  </footer>
```

```css
CSS  sample/1240/tablet.css
01  /* ==============================================
02   *    ページ全体
03   * ============================================== */
04
05  main, #footlinks {
06    margin: 1.2rem 9vw 2.4rem;          ❶
07  }
```

タブレット向けの「ページ全体」のソースコード

310   **Chapter 12**   ページをまるごと作ってみよう

指定前の表示　　　　　　　　　　　　　　　　　　　指定後の表示。メインコンテンツ以降の左右の余白が広くなった

2. タブレット向けの「ヘッダー」の表示を指定しよう

次に、ナビゲーションをタブレットのサイズに合ったものに変更していきます。現時点では、ul要素はグリッドレイアウトになっていますので、「display: block;」を指定して元の状態に戻します(❶)。そして、text-alignプロパティで中央揃えにした上で(❷)、その内部のli要素とa要素に「display: inline;」を指定します(❸)。これでナビゲーションは中央に1行で表示されるようになります。
ナビゲーションの項目間の距離はli要素のマージン(左右とも0.4rem)で指定し(❹)、a要素に指定してある背景色を「transparent (透明)」(❺)にするとナビゲーションの完成です。

HTML sample/1241/index.html

```
01  <nav>
02      <ul>
03          <li><a href="#">ホーム</a></li>
04          <li><a href="#">お知らせ</a></li>
```

```
05        <li><a href="#">製品情報</a></li>
06        <li><a href="#">サービス</a></li>
07        <li><a href="#">会社概要</a></li>
08        <li><a href="#">お問い合わせ</a></li>
09      </ul>
10    </nav>
```

CSS sample/1241/tablet.css

```
01  /* ==================================================
02   *    ヘッダー
03   * ================================================== */
04
05  nav ul {
06      display: block;                    ①
07      margin: 36px 0 12px;
08      text-align: center;                ②
09  }
10  nav li, nav a {
11      display: inline;                   ③
12  }
13  nav li {
14      margin: 0 0.4rem;                  ④
15  }
16  nav a {
17      background: transparent;           ⑤
18  }
```

タブレット向けの「ヘッダー」のソースコード

指定前の表示

指定後の表示。ナビゲーション部分がシンプルな中央揃えになった

3. タブレット向けの「メインコンテンツ」の表示を指定しよう

タブレット向けCSSのメインコンテンツ部分は、見出しを中央揃えにするだけです。次のように入力すると指定完了です。

CSS sample/1242/tablet.css

```
/* ==============================================================
 *    メインコンテンツ
 * ============================================================== */

h1, h2 {
    text-align: center;
}
```

タブレット向けの「メインコンテンツ」のソースコード

指定前の表示

指定後の表示。メインコンテンツの見出しが中央揃えになった

4. タブレット向けの「フッター」の表示を指定しよう

タブレット向けCSSのフッター部分のリンクのセクションは、グリッドレイアウトにして2つずつ横に並べることにします。「grid-template-columns: 1fr 1fr;」によって、縦列の幅は「1:1」の比率となります。高さには「auto」が指定されていますので、コンテンツの量に合わせた高さとなります(❶)。子要素をどのグリッドセルに当てはめるかは特に指定していませんので、子要素であるsection要素がソースコードに書かれている順に左上から自動的に当てはめられます。

「#footlinks section:nth-child(even)」というセレクタを指定すると、その表示指定は「#footlinks」の中の偶数番目のsection要素にだけ適用されます(❷)。この指定により、右側のsection要素の左マージンが1.2remになります。タブレット向けの表示指定はこれで完成です。

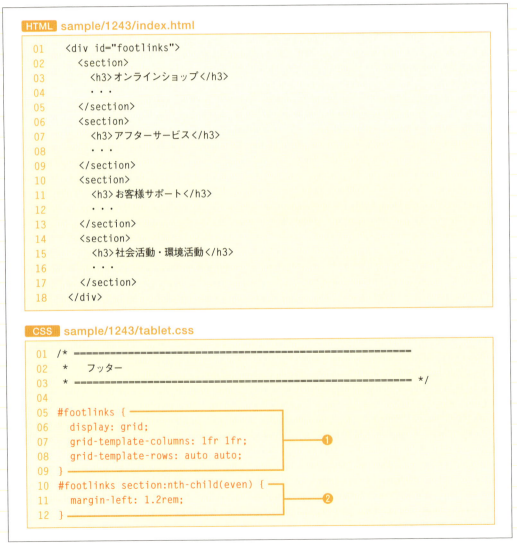

タブレット向けの「フッター」のソースコード

指定前の表示

指定後の表示。フッターのリンクのセクションが2つずつ横に並んだ

> COLUMN

文字色と背景色のコントラスト比について

JIS規格の「X8341-3（高齢者・障害者等配慮設計指針－情報通信における機器，ソフトウェア及びサービス－第3部：ウェブコンテンツ）」のレベルAAの基準を満たすには、文字色とその背景色に4.5:1以上のコントラスト比を持たせる必要があります。

このコントラスト比は自分で計算するのは少々面倒なのですが、CSSの書式で色の値を入力するだけでコントラスト比が簡単に確認できるWebページがあります。入力した文字色と背景色がそのページに即座に反映されますので、実際にどう見えるのかも確認できます。

参考までに、白い背景に赤い文字（#f00）を表示させた場合は、コントラスト比は「3.99:1」となり、上記の基準は満たさなくなります。

色の値を入力するだけでコントラスト比がわかるページ
https://contrast-ratio.com/

Chapter 12-5

パソコン向けの表示指定

難易度：★★★★☆

最後に、表示領域の幅が1000ピクセル以上のときにのみ適用されるパソコン向けのCSS「pc.css」の指定をおこなっていきます。

1. パソコン向けの「ページ全体」の表示を指定しよう

炎天下の屋外などで使用されることもあるスマートフォンやタブレット向けの表示指定では、文字と背景のコントラストは高くするのが一般的です。それに対して、基本的に屋内で使用されるパソコン向けのレイアウトでは、文字色として濃いグレーが多く使用されます。このサンプルのパソコン向けのレイアウトでは、ページ全体（body要素）の文字色を「#666」に変更します（❶）※。

パソコン向けのレイアウトでは、ヘッダーもメインコンテンツもフッター（#footlinks）も幅を1000pxに固定します。そしてそれらの左右のマージンを「auto」にして、表示領域全体の幅が1000pxより大きくなった場合には、ヘッダー・メインコンテンツ・フッター（#footlinks）は中央に寄せて表示されるようにします（❷）。

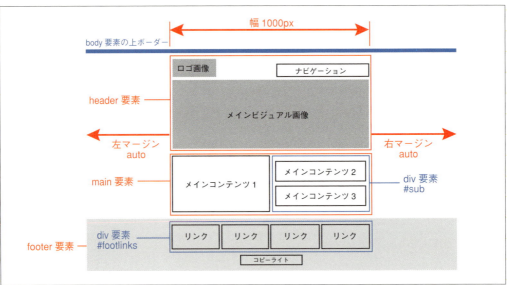

パソコン向けレイアウトの完成図。コンテンツを表示させる領域の幅を1000pxにし、左右のマージンを「auto」にして中央に配置する

※ 前ページのコラムのスクリーンショット画像を見れば確認できるように、文字色が「#666」で背景色が白の場合のコントラスト比は「5.74:1」となります。したがって、この文字色でもJIS規格X8341-3の基準を満たしていることになります。

なお、フッターの幅を1000pxにせずに、その内部にある#footlinksの幅を1000pxにしているのは、フッターは背景をグレーにして、表示領域全体の幅いっぱいに表示させているためです(このサンプルでは、ページ最上部の青い線とフッターのグレーの背景は、常に表示領域全体の幅いっぱいに表示されます)。

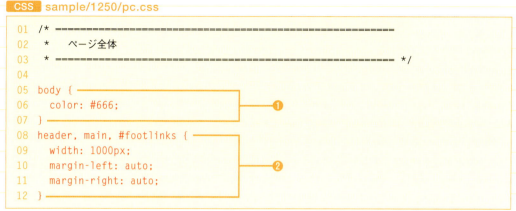

```css
/* ============================================
 *    ページ全体
 * ============================================ */

body {
    color: #666;
}
header, main, #footlinks {
    width: 1000px;
    margin-left: auto;
    margin-right: auto;
}
```

パソコン向けの「ページ全体」のソースコード

指定前の表示

指定後の表示。まだサイズを指定していないメインビジュアルの画像を除けば、コンテンツの幅が1000pxで固定され中央に配置されている

2. パソコン向けの「ヘッダー」の表示を指定しよう

ヘッダー部分は次のように縦横2分割にしたグリッドレイアウトにして、左上にロゴ、右上にナビゲーション、下の2つのグリッドセルにメインビジュルを配置することにします。ロゴ画像の幅は176ピクセルですので、それに合わせてgrid-template-columnsプロパティの値には「176px 1fr」を指定します。横列の高さは「auto auto」にしてコンテンツに合わせるようにしておきます（❶）。

ヘッダーはこのようにグリッドで区切って各コンテンツを格納する

ロゴ画像とメインビジュアル画像のあいだには余白が必要で、さらにロゴ画像とナビゲーションは高さを揃える必要もあるため、❷でロゴ画像のvertical-alignプロパティの値を「baseline」に戻します（「base.css」にて「bottom」を指定しています）。

また、「base.css」ではナビゲーションのul要素に「display: grid;」を指定していますので、この値を「block」に戻します。そしてマージンをクリアし、右揃えにして、行の高さをロゴ画像と同じ40ピクセルにします（❸）。その状態でli要素とa要素に「display: inline;」を指定するとナビゲーションの各項目は右揃えで横に並びます（❹）。

❺で、li要素の左右のマージンを「0.4rem」にしてナビゲーション項目の間隔を広くし、a要素の背景を透明にしてvertical-alignで縦方向の位置を微調整します（ここでは9ピクセル下に移動させています）。

あとはメインビジュアルの画像を格納しているpicture要素に下2つ分のグリッドセルを割り当て、画像の幅を1000pxに設定するとヘッダー部分の完成です（❻）。

```
HTML  sample/1251/index.html
01  <header>
02    <div id="logo">
03      <img src="images/logo.png" srcset="images/logo2x.png 2x"
04  alt="株式会社サンプルサイト">
05    </div>
06    <nav>
07      <ul>
```

```
08        <li><a href="#">ホーム</a></li>
09        <li><a href="#">お知らせ</a></li>
10        <li><a href="#">製品情報</a></li>
11        <li><a href="#">サービス</a></li>
12        <li><a href="#">会社概要</a></li>
13        <li><a href="#">お問い合わせ</a></li>
14      </ul>
15    </nav>
16    <picture>
17      <source media="(min-width:600px)" srcset="images/mv-1000.
18 jpg, images/mv-2000.jpg 2x">
19      <img src="images/mv-s600.jpg" srcset="images/mv-s1200.jpg
20 2x" alt="日本のサンプルのリーディング・カンパニーを目指します。">
21    </picture>
22 </header>
```

CSS sample/1251/pc.css

```
01 /* ============================================================
02  *   ヘッダー
03  * ============================================================ */
04
05 header {
06   display: grid;
07   grid-template-columns: 176px 1fr;          ❶
08   grid-template-rows: auto auto;
09 }
10 #logo img {
11   vertical-align: baseline;                  ❷
12 }
13 nav ul {
14   display: block;
15   margin: 0;
16   padding: 0;                                ❸
17   text-align: right;
18   line-height: 40px;
19 }
20 nav li, nav a {
21   display: inline;                           ❹
22 }
23 nav li {
24   margin: 0 0.4rem;
25 }
26 nav a {
27   background: transparent;                   ❺
28   vertical-align: -9px;
29 }
30 nav+picture {
31   grid-column: 1 / 2;                        ❻
```

```
32      grid-row: 2;
33  }
34  nav+picture img {
35      width: 1000px;
36  }
```

パソコン向けの「ヘッダー」のソースコード

指定前の表示

指定後の表示。ロゴが左寄せになり、ナビゲーションはその横に右寄せで表示されている。メインビジュアル画像の大きさも調整された

320　Chapter 12　ページをまるごと作ってみよう

3. パソコン向けの「メインコンテンツ」の表示を指定しよう

メインコンテンツ部分もグリッドレイアウトで2段組みにし(❶)、右側の2つのコンテンツにはグレーのボーダーを表示させます(❷)。ボーダーを表示させると余白がアンバランスな状態になりますので、先頭の要素を適用対象とするセレクタ「:first-child」などを使って各部の余白を調整します(❸)。

右の段の見出し(h2要素)の左側に文字サイズよりも広めのパディングをとり、そこに青いアイコン(icon.png)を表示させます。背景関連の値を一括指定するbackgroundプロパティで背景画像のサイズ(contain)を指定する場合には、先に位置(left)を指定し、それと「/」で区切って指定する必要がある点に注意しましょう(❹)。

HTML sample/1252/index.html

```html
01  <main>
02    <article>
03      <h1>サンプルだからこその "カタチ" がある</h1>
04      <p>・・・</p>
05      <p>・・・</p>
06    </article>
07    <div id="sub">
08      <article>
09        <h2>見えない部分へのこだわり</h2>
10        <p>・・・</p>
11      </article>
12      <article>
13        <h2>最高のサンプルを驚きのプライスで！</h2>
14        <p>・・・</p>
15      </article>
16    </div>
17  </main>
```

CSS sample/1252/pc.css

```css
01  /* ============================================================
02   *    メインコンテンツ
03   * ============================================================ */
04
05  main {
06    display: grid;
07    grid-template-columns: 1fr 1fr;          ❶
08    grid-template-rows: auto;
09    margin-top: 2.4rem;
10  }
11  main > article {
12    margin-right: 1.5rem;
13  }
14  #sub > article {
```

chapter
12-5

321

```
15      padding: 1rem;
16      border: 2px solid #eee;                                         ❷
17      border-radius: 8px;
18  }
19  #sub > article:first-child {
20      margin-bottom: 1rem;                                            ❸
21  }
22  #sub > article p {
23      margin: 1rem 0 0;
24  }
25  h1, h2 {
26      margin: 0;
27  }
28  h2 {
29      padding-left: 1.4rem;
30      background: url(images/icon.png) no-repeat left / contain;      ❹
31  }
```

パソコン向けの「メインコンテンツ」のソースコード

指定前の表示

指定後の表示。メインコンテンツ部分が2段組みになり、右側の見出しの前にアイコンがついた

4. パソコン向けの「フッター」の表示を指定しよう

フッター部分にもグリッドレイアウトを使用します。ここでは横に並んだ4つのグリッドセルを作成し、そこに各リンクのグループを格納します（❶）。

セレクタで「:nth-child(n+2)」と指定すると、「0+2=2」「1+2=3」「2+2=4」という具合に2つ目以降の要素が適用対象となります（❷）。2つ目以降のsection要素の左側の余白を調整し、文字サイズを整えるとパソコン向けの表示指定（サンプルページ全体）の完成です。

HTML sample/1253/index.html

```
01    <div id="footlinks">
02      <section>
03        <h3>オンラインショップ</h3>
04        ・・・
05      </section>
06      <section>
07        <h3>アフターサービス</h3>
08        ・・・
09      </section>
10      <section>
11        <h3>お客様サポート</h3>
12        ・・・
13      </section>
14      <section>
15        <h3>社会活動・環境活動</h3>
16        ・・・
17      </section>
18    </div>
```

CSS sample/1253/pc.css

```
01    /* ============================================
02     *   フッター
03     * ============================================ */
04
05    #footlinks {
06      display: grid;
07      grid-template-columns: 1fr 1fr 1fr 1fr;          ❶
08      grid-template-rows: auto;
09    }
10    #footlinks section:nth-child(n+2) {
11      margin-left: 1.2rem;                              ❷
12    }
13    #footlinks h3 {
14      font-size: 0.9rem;
15    }
16    #footlinks a {
```

chapter
12-5

323

```
17    font-size: 0.9rem;
18  }
```

パソコン向けの「フッター」のソースコード

指定前の表示

指定後の表示。フッターのリンクのグループが横に並んだ

Appendix

巻末資料

本書の本文では、HTML5 の主要な要素・属性のみをピックアップして解説しました。Appendix では、参考資料として「HTML 5.2」の仕様書で定義されている全要素を掲載し、それがどのカテゴリーに該当するのか、どこに配置できるのか、内容として何を入れることができるのか、といった情報を一覧で示しておきます。

Appendix 1

HTML5の要素の分類

Chapter 5では、HTML5の要素のカテゴリーについて説明しました。ここでは、HTML5の全要素を表で掲載し、どの要素がどのカテゴリーに分類されているのかを示します（背景が赤くなっている要素がそのカテゴリーに該当する要素です）。

フローコンテンツ (Flow content)

a	datalist	iframe	param	sup
abbr	dd	img	picture	table
address	del	input	pre	tbody
area	details	ins	progress	td
article	dfn	kbd	q	template
aside	dialog	label	rb	textarea
audio	div	legend	rp	tfoot
b	dl	li	rt	th
base	dt	link	rtc	thead
bdi	em	main	ruby	time
bdo	embed	map	s	title
blockquote	fieldset	mark	samp	tr
body	figcaption	meta	script	track
br	figure	meter	section	u
button	footer	nav	select	ul
canvas	form	noscript	small	var
caption	h1 〜 h6	object	source	video
cite	head	ol	span	wbr
code	header	optgroup	strong	テキスト
col	hr	option	style	
colgroup	html	output	sub	
data	i	p	summary	

※ area 要素は map 要素に含まれている場合のみ該当
※ link 要素は CSS の読み込みで body 要素内に配置した場合のみ該当

326　**Appendix**　巻末資料

見出しコンテンツ（Heading content）

a	datalist	iframe	param	sup
abbr	dd	img	picture	table
address	del	input	pre	tbody
area	details	ins	progress	td
article	dfn	kbd	q	template
aside	dialog	label	rb	textarea
audio	div	legend	rp	tfoot
b	dl	li	rt	th
base	dt	link	rtc	thead
bdi	em	main	ruby	time
bdo	embed	map	s	title
blockquote	fieldset	mark	samp	tr
body	figcaption	meta	script	track
br	figure	meter	section	u
button	footer	nav	select	ul
canvas	form	noscript	small	var
caption	h1〜h6	object	source	video
cite	head	ol	span	wbr
code	header	optgroup	strong	テキスト
col	hr	option	style	
colgroup	html	output	sub	
data	i	p	summary	

セクショニングコンテンツ（Sectioning content）

a	datalist	iframe	param	sup
abbr	dd	img	picture	table
address	del	input	pre	tbody
area	details	ins	progress	td
article	dfn	kbd	q	template
aside	dialog	label	rb	textarea
audio	div	legend	rp	tfoot
b	dl	li	rt	th
base	dt	link	rtc	thead
bdi	em	main	ruby	time
bdo	embed	map	s	title
blockquote	fieldset	mark	samp	tr
body	figcaption	meta	script	track
br	figure	meter	section	u
button	footer	nav	select	ul
canvas	form	noscript	small	var
caption	h1〜h6	object	source	video
cite	head	ol	span	wbr
code	header	optgroup	strong	テキスト
col	hr	option	style	
colgroup	html	output	sub	
data	i	p	summary	

フレージングコンテンツ（Phrasing content）

a	datalist	iframe	param	sup
abbr	dd	img	picture	table
address	del	input	pre	tbody
area	details	ins	progress	td
article	dfn	kbd	q	template
aside	dialog	label	rb	textarea
audio	div	legend	rp	tfoot
b	dl	li	rt	th
base	dt	link	rtc	thead
bdi	em	main	ruby	time
bdo	embed	map	s	title
blockquote	fieldset	mark	samp	tr
body	figcaption	meta	script	track
br	figure	meter	section	u
button	footer	nav	select	ul
canvas	form	noscript	small	var
caption	h1〜h6	object	source	video
cite	head	ol	span	wbr
code	header	optgroup	strong	テキスト
col	hr	option	style	
colgroup	html	output	sub	
data	i	p	summary	

※ area 要素は map 要素に含まれている場合のみ該当
※ link 要素は CSS の読み込みで body 要素内に配置した場合のみ該当

組み込みコンテンツ（Embedded content）

a	datalist	iframe	param	sup
abbr	dd	img	picture	table
address	del	input	pre	tbody
area	details	ins	progress	td
article	dfn	kbd	q	template
aside	dialog	label	rb	textarea
audio	div	legend	rp	tfoot
b	dl	li	rt	th
base	dt	link	rtc	thead
bdi	em	main	ruby	time
bdo	embed	map	s	title
blockquote	fieldset	mark	samp	tr
body	figcaption	meta	script	track
br	figure	meter	section	u
button	footer	nav	select	ul
canvas	form	noscript	small	var
caption	h1〜h6	object	source	video
cite	head	ol	span	wbr
code	header	optgroup	strong	テキスト
col	hr	option	style	
colgroup	html	output	sub	
data	i	p	summary	

インタラクティブコンテンツ (Interactive content)

a	datalist	iframe	param	sup
abbr	dd	img	picture	table
address	del	input	pre	tbody
area	details	ins	progress	td
article	dfn	kbd	q	template
aside	dialog	label	rb	textarea
audio	div	legend	rp	tfoot
b	dl	li	rt	th
base	dt	link	rtc	thead
bdi	em	main	ruby	time
bdo	embed	map	s	title
blockquote	fieldset	mark	samp	tr
body	figcaption	meta	script	track
br	figure	meter	section	u
button	footer	nav	select	ul
canvas	form	noscript	small	var
caption	h1〜h6	object	source	video
cite	head	ol	span	wbr
code	header	optgroup	strong	テキスト
col	hr	option	style	
colgroup	html	output	sub	
data	i	p	summary	

※ a 要素は href 属性が指定されている場合のみ該当
※ audio 要素と video 要素は controls 属性が指定されている場合のみ該当
※ img 要素は usemap 属性が指定されている場合のみ該当
※ input 要素は type 属性の値が「hidden」以外の場合のみ該当
※ グローバル属性である tabindex 属性が指定された要素はすべてこのカテゴリーに該当

メタデータコンテンツ (Metadata content)

a	datalist	iframe	param	sup
abbr	dd	img	picture	table
address	del	input	pre	tbody
area	details	ins	progress	td
article	dfn	kbd	q	template
aside	dialog	label	rb	textarea
audio	div	legend	rp	tfoot
b	dl	li	rt	th
base	dt	link	rtc	thead
bdi	em	main	ruby	time
bdo	embed	map	s	title
blockquote	fieldset	mark	samp	tr
body	figcaption	meta	script	track
br	figure	meter	section	u
button	footer	nav	select	ul
canvas	form	noscript	small	var
caption	h1〜h6	object	source	video
cite	head	ol	span	wbr
code	header	optgroup	strong	テキスト
col	hr	option	style	
colgroup	html	output	sub	
data	i	p	summary	

Appendix 2

HTML5の要素の配置のルール

HTML5の各要素について「その要素はどこに配置できるのか」「その要素の子要素として直接入れられる要素はどれか」という情報を表にまとめました。必要に応じて参照してください。

HTML5の要素の配置のルール

要素名	配置できる場所	子要素として直接入れられる要素
a	フレージングコンテンツが配置できる場所	親要素に直接入れられる要素と同じ(ただし内部にインタラクティブコンテンツとa要素を含むことはできない)
abbr	フレージングコンテンツが配置できる場所	フレージングコンテンツ
address	フローコンテンツが配置できる場所	フローコンテンツ(ただし内部に見出しコンテンツ・セクショニングコンテンツ・header要素・footer要素・address要素を含むことはできない)
area	map要素またはtemplate要素内でフレージングコンテンツが配置できる場所	なし
article	フローコンテンツが配置できる場所	フローコンテンツ(ただし内部にmain要素を含むことはできない)
aside	フローコンテンツが配置できる場所	フローコンテンツ(ただし内部にmain要素を含むことはできない)
audio	組み込みコンテンツが配置できる場所	src属性が指定されている場合は、0個以上のtrack要素に続けて親要素に直接入れられる要素と同じ要素。src属性が指定されていない場合は、はじめに0個以上のsource要素を配置し、次に0個以上のtrack要素、そのあとに親要素に入れられる要素。いずれの場合も、内部にaudio要素とvideo要素は含むことができない
b	フレージングコンテンツが配置できる場所	フレージングコンテンツ
base	head要素内(ただし複数は配置できない)	なし
bdi	フレージングコンテンツが配置できる場所	フレージングコンテンツ
bdo	フレージングコンテンツが配置できる場所	フレージングコンテンツ
blockquote	フローコンテンツが配置できる場所	フローコンテンツ
body	html要素内に2つ目の子要素として配置	フローコンテンツ
br	フレージングコンテンツが配置できる場所	なし
button	フレージングコンテンツが配置できる場所	フレージングコンテンツ(ただし内部にインタラクティブコンテンツを含むことはできない)
canvas	組み込みコンテンツが配置できる場所	親要素に直接入れられる要素と同じ

330　**Appendix**　巻末資料

要素名	配置できる場所	子要素として直接入れられる要素
caption	table要素の最初の子要素として配置	フローコンテンツ（ただし内部にtable要素を含むことはできない）
cite	フレージングコンテンツが配置できる場所	フレージングコンテンツ
code	フレージングコンテンツが配置できる場所	フレージングコンテンツ
col	sapn属性の指定されていないcolgroup要素の子要素として配置	なし
colgroup	table要素の子要素として配置（ただしcaption要素よりも後で、thead要素・tbody要素・tfoot要素・tr要素よりも前に配置）	span属性が指定されている場合は内容は空。span属性が指定されていない場合は0個以上のcol要素およびtemplate要素
data	フレージングコンテンツが配置できる場所	フレージングコンテンツ
datalist	フレージングコンテンツが配置できる場所	フレージングコンテンツまたは0個以上のoption要素・script要素・template要素
dd	dl要素内で、dt要素またはdd要素の後	フローコンテンツ
del	フレージングコンテンツが配置できる場所	親要素に直接入れられる要素と同じ
details	フローコンテンツが配置できる場所	summary要素を1つ、その後にフローコンテンツ
dfn	フレージングコンテンツが配置できる場所	フレージングコンテンツ（ただし内部にdfn要素を含むことはできない）
dialog	フローコンテンツが配置できる場所	フローコンテンツ
div	フローコンテンツが配置できる場所／dl要素の子要素として配置	自身がdl要素の子要素でない場合はフローコンテンツ。自身がdl要素の子要素である場合は、1つ以上のdt要素に続けて1つ以上のdd要素（必要に応じてscript要素とtemplate要素も配置可能）
dl	フローコンテンツが配置できる場所	1つ以上のdt要素に続く1つ以上のdd要素のグループを0個以上（必要に応じてscript要素とtemplate要素も配置可能）
dt	dl要素内で、dd要素またはdt要素の前	フローコンテンツ（ただし内部にheader要素・footer要素・セクショニングコンテンツ・見出しコンテンツを含むことはできない）
em	フレージングコンテンツが配置できる場所	フレージングコンテンツ
embed	組み込みコンテンツが配置できる場所	なし
fieldset	フローコンテンツが配置できる場所	必要に応じて最初にlegend要素を1つ、その後にフローコンテンツ
figcaption	figure要素の子要素として配置	フローコンテンツ
figure	フローコンテンツが配置できる場所	フローコンテンツ。必要に応じて、figcaption要素を1つ配置可能
footer	フローコンテンツが配置できる場所	フローコンテンツ（ただし内部にmain要素は含むことができず、自身の内部にあるセクショニングコンテンツに含まれていないheader要素とfooter要素も配置できない）
form	フローコンテンツが配置できる場所	フローコンテンツ（ただし内部にform要素を含むことはできない）
h1～h6	フローコンテンツが配置できる場所	フレージングコンテンツ

要素名	配置できる場所	子要素として直接入れられる要素
head	html要素内の最初の要素として配置	1つ以上のメタデータコンテンツ（ただしtitle要素を必ず1つ含み、base要素は複数は配置できない）。HTML文書がiframeのsrcdoc属性で指定されている文書の場合、または上位のプロトコルによってタイトル情報が得られる場合は、0個以上のメタデータコンテンツ（ただしtitle要素とbase要素は複数は配置できない）
header	フローコンテンツが配置できる場所	フローコンテンツ（ただし内部にmain要素は含むことができず、自身の内部にあるセクショニングコンテンツに含まれていないheader要素とfooter要素も配置できない）
hr	フローコンテンツが配置できる場所	なし
html	すべての要素を含むルート要素として配置	head要素とbody要素を順にひとつずつ
i	フレージングコンテンツが配置できる場所	フレージングコンテンツ
iframe	組み込みコンテンツが配置できる場所	テキスト
img	組み込みコンテンツが配置できる場所	なし
input	フレージングコンテンツが配置できる場所	なし
ins	フレージングコンテンツが配置できる場所	親要素に直接入れられる要素と同じ
kbd	フレージングコンテンツが配置できる場所	フレージングコンテンツ
label	フレージングコンテンツが配置できる場所	フレージングコンテンツ（ただし内部にlabel要素を含むことはできない。また、ラベルと関連づけないbutton要素・type属性の値がhidden以外のinput要素・meter要素・output要素・progress要素・select要素・textarea要素を内部に含むことはできない）
legend	fieldset要素の最初の子要素として配置	フレージングコンテンツと見出しコンテンツ
li	ul要素内／ol要素内	フローコンテンツ
link	メタデータコンテンツが配置できる場所／head要素の子要素であるnoscript要素内／rel属性の値が「stylesheet」の場合はフレージングコンテンツが配置できる場所	なし
main	フローコンテンツが配置できる場所（ただしarticle要素・aside要素・nav要素・header要素・footer要素の内部には入れられない）	フローコンテンツ
map	フレージングコンテンツが配置できる場所	親要素に直接入れられる要素と同じ
mark	フレージングコンテンツが配置できる場所	フレージングコンテンツ
meta	charset属性またはhttp-equiv属性で文字コードを指定している場合はhead要素内。http-equiv属性で文字コード以外を指定している場合はhead要素内またはhead要素の子要素であるnoscript要素内。name属性が指定されている場合はメタデータコンテンツが配置できる場所	なし
meter	フレージングコンテンツが配置できる場所	フレージングコンテンツ（ただし内部にmeter要素を含むことはできない）

要素名	配置できる場所	子要素として直接入れられる要素
nav	フローコンテンツが配置できる場所	フローコンテンツ（ただし内部にmain要素を含むことはできない）
noscript	head要素内またはフレージングコンテンツが配置できる場所（ただしnoscript要素の内部には配置できない）	head要素内の場合はlink要素・style要素・meta要素を順不同で任意の数。head要素外の場合は親要素に直接入れられる要素と同じ（ただし内部にnoscript要素を含むことはできない）
object	組み込みコンテンツが配置できる場所	0個以上のparam要素に続けて、親要素に直接入れられる要素と同じ要素
ol	フローコンテンツが配置できる場所	0個以上のli要素（script要素・template要素を入れることも可能）
optgroup	select要素の子要素として配置	0個以上のoption要素（script要素・template要素を入れることも可能）
option	select要素・datalist要素・optgroup要素の子要素として配置	label属性があってvalue属性がない場合、label属性がない場合はテキスト。label属性とvalue属性の両方がある場合はなし
output	フレージングコンテンツが配置できる場所	フレージングコンテンツ
p	フローコンテンツが配置できる場所	フレージングコンテンツ
param	object要素の子要素として、どのフローコンテンツよりも前に配置	なし
picture	組み込みコンテンツが配置できる場所	はじめにsource要素を0個以上配置し、そのあとにimg要素を1つ配置（script要素・template要素を入れることも可能）
pre	フローコンテンツが配置できる場所	フレージングコンテンツ
progress	フレージングコンテンツが配置できる場所	フレージングコンテンツ（ただし内部にprogress要素を含むことはできない）
q	フレージングコンテンツが配置できる場所	フレージングコンテンツ
rb	ruby要素の子要素として配置	フレージングコンテンツ
rp	ruby要素またはrtc要素の子要素として、rt要素またはrtc要素の直前または直後に配置（ただしrt要素とrt要素の間には配置できない）	フレージングコンテンツ
rt	ruby要素またはrtc要素の子要素として配置	フレージングコンテンツ
rtc	ruby要素の子要素として配置	フレージングコンテンツ／rt要素／rp要素
ruby	フレージングコンテンツが配置できる場所	はじめにフレージングコンテンツまたはrb要素を1つ以上配置し、それに続けてrt要素またはrtc要素を1つ以上配置。その際、rt要素とrtc要素の直前または直後にはrp要素を配置できる。以上のパターン全体を1つ以上配置
s	フレージングコンテンツが配置できる場所	フレージングコンテンツ
samp	フレージングコンテンツが配置できる場所	フレージングコンテンツ
script	メタデータコンテンツが配置できる場所／フレージングコンテンツが配置できる場所／script要素またはtemplate要素が配置可能な場所	スクリプトのソースコード。src属性がある場合は内容は空またはコメントによる説明のみ

要素名	配置できる場所	子要素として直接入れられる要素
section	フローコンテンツが配置できる場所	フローコンテンツ
select	フレージングコンテンツが配置できる場所	option要素またはoptgroup要素を0個以上（script要素・template要素を入れることも可能）
small	フレージングコンテンツが配置できる場所	フレージングコンテンツ
source	picture要素の子要素として、img要素よりも前に配置／audio要素またはvideo要素の子要素として、他のフローコンテンツまたはtrack要素よりも前に配置	なし
span	フレージングコンテンツが配置できる場所	フレージングコンテンツ
strong	フレージングコンテンツが配置できる場所	フレージングコンテンツ
style	メタデータコンテンツが配置できる場所／head要素の子要素であるnoscript要素内／body要素内のフローコンテンツが配置できる場所	スタイルシートのソースコード
sub	フレージングコンテンツが配置できる場所	フレージングコンテンツ
summary	details要素の最初の子要素として配置	フレージングコンテンツ、または見出しコンテンツを1つのいずれかを配置
sup	フレージングコンテンツが配置できる場所	フレージングコンテンツ
table	フローコンテンツが配置できる場所	次の順に配置：0個か1個のcaption要素→0個以上のcolgroup要素→0個か1個のthead要素→0個以上のtbody要素または1個以上のtr要素→0個か1個のtfoot要素　※内容としてscript要素・template要素を入れることも可能
tbody	table要素の子要素としてcaption要素・colgroup要素・thead要素よりも後に配置（ただしtable要素の直接の子要素であるtr要素がない場合のみ）	0個以上のtr要素（script要素・template要素を入れることも可能）
td	tr要素の子要素として配置	フローコンテンツ
template	フレージングコンテンツまたはメタデータコンテンツが配置できる場所／script要素とtemplate要素が配置できる場所／span属性の指定されていないcolgroup要素の子要素として配置	この要素の内容がtemplate要素自身の子要素となるわけではないので、コンテンツモデルは未定義
textarea	フレージングコンテンツが配置できる場所が配置できる場所	テキスト
tfoot	table要素の子要素として、caption要素・colgroup要素・thead要素・tbody要素・tr要素よりも後に配置。ただし、同じtable要素内に別のtfoot要素は配置できない。	0個以上のtr要素（script要素・template要素を入れることも可能）
th	tr要素の子要素として配置	フローコンテンツ（ただし内部にheader要素・footer要素・セクショニングコンテンツ・見出しコンテンツを含むことはできない）

要素名	配置できる場所	子要素として直接入れられる要素
thead	table要素の子要素として配置（ただしcaption要素・colgroup要素よりも後で、tbody要素・tfoot要素・tr要素よりも前に配置。同じtable要素内に複数のthead要素は配置できない）	0個以上のtr要素（script要素・template要素を入れることも可能）
time	フレージングコンテンツが配置できる場所	datetime属性が指定されている場合はフレージングコンテンツ。datetime属性が指定されていない場合は所定の書式のテキスト
title	head要素内に配置（ただし複数は配置できない）	テキスト
tr	thead要素・tbody要素・tfoot要素の子要素として配置／table要素の子要素としてcaption要素・colgroup要素・thead要素よりも後に配置（ただしtbody要素がない場合のみ）	0個以上のtd要素またはth要素（script要素・template要素を入れることも可能）
track	audio要素またはvideo要素の子要素として、他のフローコンテンツよりも前に配置	なし
u	フレージングコンテンツが配置できる場所	フレージングコンテンツ
ul	フローコンテンツが配置できる場所	0個以上のli要素（script要素・template要素を入れることも可能）
var	フレージングコンテンツが配置できる場所	フレージングコンテンツ
video	組み込みコンテンツが配置できる場所	src属性が指定されている場合は、0個以上のtrack要素に続けて親要素に直接入れられる要素と同じ要素。src属性が指定されていない場合は、はじめに0個以上のsource要素を配置し、次に0個以上のtrack要素、そのあとに親要素に直接入れられる要素。いずれの場合も、内部にaudio要素またはvideo要素を含むことはできない
wbr	フレージングコンテンツが配置できる場所	なし

Index

●キーワード

【記号】

*	095
&amp;	028
&gt;	027
&quot;	028

【アルファベット】

clearfix	234
CSS	011
CSS2.1	035
CSS3	035
DOCTYPE宣言	038
DTD	038
fr	290
Frameset	030
FTP	008
GIF形式	114
Google Chrome	008
HTML	010, 025
HTML4.01	030, 040
HTML5/5.2	030, 031
JPEG形式	114
PNG形式	114
ppi	249
pre	062
px	078
rem	078
rgb()	073
rgba()	074
Strict	030
SVG形式	114
URL	056
UTF-8	005, 047
Webセーフカラー	073
Webブラウザ	007
XHTML1.0	030, 040

【日本語】

アウトライン	212
値の継承	080
色	052, 073
インタラクティブコンテンツ	060
インデント	089
インライン要素	061
上付き文字	066
大文字	031, 090
親要素	039
改行	026, 064
開始タグ	025
画像	114
空要素	043
疑似クラス	098
疑似要素	104
行揃え	086
行頭記号	177
行の高さ	078
組み込みコンテンツ	060
グリッドレイアウト	282, 304
結合子	100, 104
コメント	029, 034
小文字	031, 090
子要素	039
サーバー	003
終了タグ	025
スクロール	137
セクショニングコンテンツ	060
セクション	110
絶対配置	162, 165
セレクタ	032, 094
宣言	032
相対配置	162, 164
ソースコード	006, 065
属性	023, 025
属性名	025
タグ	012
単位	078
テーブル	215
ナビゲーション	172, 311

背景画像	055, 056
背景色	052
パディング	120
表示位置の原点	135
フォーム	196
フッター	112
フレージングコンテンツ	060
フレキシブルボックスレイアウト	260
フローコンテンツ	060
フロート	146
ブロックレベル要素	061
プロパティ値	032
プロパティ名	032
ヘッダー	112
ボーダー	120
ボックス	119
マージン	120, 302
マルチカラムレイアウト	150
見出し	062
見出しコンテンツ	060
メインコンテンツ	112
メタデータ	043
メタデータコンテンツ	060
メディアクエリー	241
メディア特性	263
文字コード	005, 047
文字化け	170
優先順位	106
ユニバーサルセレクタ	095
要素	025
リンク	067
ルート要素	039
ルビ	069

●HTML

【要素】

a要素	067
abbr要素	066
address要素	111, 113
article要素	111, 172
aside要素	111, 172

audio要素	115, 116	q要素	065	cols	201, 217
b要素	067	rb要素	071	colspan	217
blockquote要素	062	rp要素	070	content	044
body要素	017, 041, 302	rt要素	069	contenteditable	050
br要素	064	rtc要素	333	controls	116, 117
button要素	197, 202	ruby要素	069	datetime	225
canvas要素	330	script要素	226	dir	050
caption要素	218	section要素	111, 172	disabled	201, 204
cite要素	065	select要素	204	draggable	050
code要素	065	sizes属性	253	enctype	196
dd要素	175	small要素	066	fixed	162
del要素	225	source要素	117	for	205
dfn要素	066	span要素	066	headers	217
div要素	062	srcset属性	251	height	116
dl要素	175	strong要素	064	hidden	050
dt要素	175	style要素	047	href	046, 068
em要素	064, 078	sup要素	066	http-equiv	044
fieldset要素	206	table要素	215	id	050, 051
footer要素	112	tbody要素	219	lang	050
form要素	196	td要素	215	loop	116, 117
h1〜h6要素	062	template要素	334	maxlength	201
head要素	041	textarea要素	201	media	048
header要素	111, 294, 304	tfoot要素	219	method	196
hr要素	224	th要素	215	multiple	204
html要素	039	thead要素	219	muted	116, 117
i要素	067	title要素	042	name	196, 201, 204
iframe要素	227	tr要素	215	poster	116
img要素	114	ul要素	173	readonly	201
input要素	197	video要素	115, 116	rel	046
ins要素	225			relative	162
label要素	205	**【属性】**		rows	201
li要素	173			rowspan	217
link要素	045	absolute	162	scope	217
main要素	111, 294	accesskey	050	selected	204
mark要素	067	action	196	size	204
meta要素	043	alt	114, 115	spellcheck	050
nav要素	172	auto	163	src	116, 117
ol要素	173	autoplay	116, 117	static	162
option要素	204	border	216	style	048, 050
p要素	014, 062	charset	227	tabindex	050
picture要素	256	checked	197	target	068
pre要素	063	cite	225	title	050, 051
		class	050, 051		

337

translate ···················· 050	【プロパティ】	flex ···························· 273
type ·························		flex-direction ··············· 270
········ 046, 048, 118, 175, 197, 202, 227	background ··········· 052, 144	flex-wrap ····················· 265
value ························· 204	background-attachment ········ 137	float ··············· 146, 191, 236
width ························· 116	background-color ·············· 52	font ···························· 083
	background-image ·············· 55	font-family ············· 081, 302
● CSS	background-position ·········· 134	font-size ····················· 077
	background-repeat ············ 057	font-style ···················· 082
【ルール】	background-size ··············· 139	font-weight ··················· 082
@charset ··················· 047	border ························ 124	grid-template-areas ··········· 287
@import ···················· 049	border-bottom ················ 124	grid-template-columns ········ 284
@media ····················· 224	border-bottom-color ·········· 124	grid-template-rows ··········· 284
!important ·················· 106	border-bottom-left-radius ··· 132	height ··············· 128, 229
	border-bottom-right-radius	letter-spacing ················ 088
【セレクタ】	···················· 132	line-height ··················· 078
::after ···················· 104	border-bottom-style ·········· 124	list-style ···················· 182
::before ··················· 104	border-bottom-width ·········· 124	list-style-image ············· 180
::first-letter ············· 104	border-collapse ·············· 220	list-style-position ·········· 181
::first-line ··············· 104	border-color ················· 124	list-style-type ·············· 177
:active ···················· 098	border-left ·················· 124	margin ························ 120
:checked ··················· 102	border-left-color ············ 124	margin-bottom ················ 120
:disabled ·················· 102	border-left-style ············ 124	margin-left ··················· 120
:empty ····················· 102	border-left-width ············ 124	margin-right ·················· 120
:enabled ··················· 102	border-radius ················ 132	margin-top ···················· 120
:first-child() ············· 102	border-right ················· 124	max-height ···················· 128
:first-of-type ············· 102	border-right-color ··········· 124	max-width ····················· 128
:focus ····················· 102	border-right-style ··········· 124	opacity ······················· 075
:hover ····················· 098	border-right-width ··········· 124	order ·························· 264
:lang() ···················· 102	border-style ················· 124	outline ······················· 212
:last-child() ·············· 102	border-top ··················· 124	outline-color ················· 213
:last-of-type ·············· 102	border-top-color ············· 124	outline-style ················· 212
:link ······················ 098	border-top-left-radius ······· 132	outline-width ················· 213
:not() ····················· 102	border-top-right-radius ······ 132	overflow ······················ 188
:nth-child() ··············· 102	border-top-style ············· 124	padding ······················· 123
:nth-last-child() ··········· 102	border-top-width ············· 124	padding-bottom ················ 123
:nth-last-of-type() ········· 102	border-width ················· 124	padding-left ·················· 123
:nth-of-type() ············· 102	box-shadow ··················· 210	padding-right ················· 123
:only-child ················ 102	caption-side ················· 222	padding-top ··················· 123
:only-of-type ·············· 102	clear ························· 148	position ······················ 162
:root ······················ 102	color ························· 075	quotes ························· 233
:target ···················· 102	content ······················ 231	resize ························· 208
:visited ··················· 098	display ······················ 184	text-align ···················· 086

338

text-decoration 087	horizontal-tb 092	scroll 137
text-indent 089	inline 184	separate 220
text-shadow 084	inline-block 184	serif 081
text-transform 090	inset 213	small 077
vertical-align 168	inside 181	smaller 077
visibility 186	invert 213	solid 212
white-space 091	italic 082	square 177
width 128, 229	large 077	static 162
writing-mode 091	larger 077	sub 168
z-index 166	left 086	super 168

【値】

absolute 162	lighter 082	thick 213
all 046	line-through 087	thin 213
attr() 232	lower-alpha 178	top 168
auto	lowercase 090	transparent 052, 075, 125
... 121, 128, 139, 163, 166, 188, 273, 284	lower-greek 178	underline 087
baseline 168	lower-latin 178	upper-alpha 178
block 184	lower-roman 178	uppercase 090
bold 082	medium 213	upper-latin 178
bolder 082	middle 168	upper-roman 178
both 148, 208	monospace 080	vertical-lr 092
bottom 168, 222	none 087, 090, 177, 184, 212	vertical-rl 092
capitalize 090	no-repeat 057	visible 186, 188
center 086, 134	normal 082, 091	x-large 077
circle 177	nowrap 091	x-small 077
close-quote 232	oblique 082	xx-large 077
collapse 220	open-quote 232	xx-small 077
contain 139	outline-color 213	
cover 139	outline-style 213	
cursive 081	outline-width 213	
dashed 125, 212	outset 213	
decimal 178	outside 181	
decimal-leading-zero 178	overline 087	
disc 177	pre 091	
dot 212	pre-line 091	
dotted 125	pre-wrap 091	
double 212	relative 162	
fantasy 081	repeat 057	
fixed 137	repeat-x 057	
groove 213	repeat-y 057	
hidden 186, 188, 197	ridge 212	
	right 086	
	sans-serif 081	

339

著者プロフィール

大藤 幹（おおふじ みき）

1級ウェブデザイン技能士。大学卒業後、複数のソフトハウスに勤務し、CADアプリケーション、航空関連システム、医療関連システム、マルチメディアタイトルなどの開発に携わる。1996年よりWebの基本技術に関する書籍の執筆を開始し、2000年に独立。その後、ウェブコンテンツJIS（JIS X 8341-3）ワーキング・グループ主査、情報通信アクセス協議会・ウェブアクセシビリティ作業部会委員、ウェブデザイン技能検定特別委員、技能五輪全国大会ウェブデザイン職種競技委員などを務める。現在の主な業務は、Webデザインに関連する書籍の執筆のほか、全国各地での講演・セミナー講師など。2015年3月より名古屋在住。

著書は『HTML5プロフェッショナル認定試験 レベル1 対策テキスト＆問題集 Ver2.0対応版』『Webプロフェッショナルのための黄金則 XHTML+CSS虎の巻』『世界の「最先端」事例に学ぶ CSSプロフェッショナル・スタイル』（マイナビ）、『TECHNICAL MASTER はじめてのHTML+CSS HTML5対応』『詳解HTML5.1＆HTML4.01&XHTML1.0辞典』『詳解HTML&CSS&JavaScript辞典』（秀和システム）、『10日でおぼえる CSS/CSS3入門教室』（翔泳社）、『わかりやすい「WAI-ARIA 1.0」仕様解説書』（Kindle用電子書籍）など50冊を超える。

STAFF

カバーイラスト：2g（http://twograms.jimdo.com/）
ブックデザイン：三宮 暁子（Highcolor）
写真提供（p.142のplane.png）：山﨑 英人
DTP：AP_Planning
担当：伊佐 知子

よくわかる

HTML5＋CSS3の教科書
［第3版］

2012年 7月31日	初版 第1刷発行
2018年11月27日	第3版 第1刷発行
2020年 6月12日	第3版 第5刷発行

著者	大藤 幹
発行者	滝口 直樹
発行所	株式会社マイナビ出版
	〒101-0003　東京都千代田区一ツ橋2-6-3 一ツ橋ビル2F
	TEL：0480-38-6872（注文専用ダイヤル）
	TEL：03-3556-2731（販売部）
	TEL：03-3556-2736（編集部）
	E-Mail：pc-books@mynavi.jp
	URL：https://book.mynavi.jp
印刷・製本	シナノ印刷株式会社

©2018 Miki Ofuji, Printed in Japan
ISBN 978-4-8399-6547-1

- 定価はカバーに記載してあります。
- 乱丁・落丁についてのお問い合わせは、TEL：0480-38-6872（注文専用ダイヤル）、電子メール：sas@mynavi.jpまでお願いいたします。
- 本書掲載内容の無断転載を禁じます。
- 本書は著作権法上の保護を受けています。本書の無断複写・複製（コピー、スキャン、デジタル化など）は、著作権法上の例外を除き、禁じられています。
- 本書についてご質問などございましたら、マイナビ出版の下記URLよりお問い合わせください。お電話でのご質問は受け付けておりません。また、本書の内容以外のご質問についてもご対応できません。
  https://book.mynavi.jp/inquiry_list/